Desalegn Amenu
Ayantu Nugusa

Evolução

Desalegn Amenu
Ayantu Nugusa

Evolução

Dinâmica Evolutiva: Desvendando os fios da vida

ScienciaScripts

Imprint

Cover image: www.ingimage.com

This book is a translation from the original published under ISBN 978-620-7-84359-6.

Publisher:
Sciencia Scripts
is a trademark of
Dodo Books Indian Ocean Ltd. and OmniScriptum S.R.L publishing group

120 High Road, East Finchley, London, N2 9ED, United Kingdom
Str. Armeneasca 28/1, office 1, Chisinau MD-2012, Republic of Moldova, Europe
Printed at: see last page
ISBN: 978-620-8-17697-6

Evolução

Dinâmica Evolutiva: Desvendando os fios da vida

Prefácio

A evolução é a grande narrativa da vida na Terra, um conto que se estende por milhares de milhões de anos e que tece os fios da adaptação, diversidade e sobrevivência. É o processo pelo qual os organismos mudam ao longo de sucessivas gerações, impulsionados pela seleção natural, pela variação genética e pelas pressões ambientais. Desde os mais pequenos microrganismos até aos maiores mamíferos, todas as formas de vida têm a marca da história evolutiva.

Neste livro/artigo, embarcamos numa viagem através dos fascinantes domínios da biologia evolutiva. Exploramos os mecanismos que impulsionam a evolução, desde as subtis mutações no ADN até às complexas interações nos ecossistemas. Aprofundamos as provas que sustentam a teoria evolutiva, desde o registo fóssil à genómica comparativa. Além disso, contemplamos as implicações da evolução para compreender não só o passado, mas também o futuro da vida no nosso planeta. Quer seja um estudante, um investigador ou simplesmente um curioso do mundo natural, esta exploração da evolução convida-o a refletir sobre a profunda interligação de todos os seres vivos e sobre os mistérios duradouros que ainda estão por descobrir.

Desalegn Amenu e Ayantu Nugusa, 2024

Índice

1. Introdução à evolução

A evolução é a pedra angular da biologia moderna, fornecendo uma estrutura para compreender a diversidade da vida na Terra. Na sua essência, a evolução é o processo pelo qual as populações de organismos mudam ao longo das gerações. Estas alterações resultam de variações no material genético, que podem ser herdadas e transmitidas aos descendentes. Ao longo do tempo, estas variações podem acumular-se e levar ao aparecimento de novas espécies, cada uma adaptada de forma única ao seu ambiente.

Charles Darwin revolucionou o conceito de evolução no século XIX através da sua teoria da seleção natural. Darwin propôs que os organismos mais bem adaptados ao seu ambiente têm mais probabilidades de sobreviver e de se reproduzir, transmitindo as suas caraterísticas vantajosas às gerações futuras. Este mecanismo de seleção natural actua como uma força motriz por detrás da mudança evolutiva, moldando as adaptações que permitem às espécies prosperar em diversos habitats.

Para além da seleção natural, outros processos evolutivos, como a deriva genética, o fluxo genético e as mutações, também contribuem para a natureza dinâmica da evolução. Estes mecanismos interagem com factores ambientais, acontecimentos geológicos e interações bióticas para moldar a trajetória evolutiva das formas de vida ao longo de escalas temporais geológicas.

Nesta introdução, exploramos os princípios fundamentais da evolução, examinamos as evidências que sustentam a teoria evolutiva e consideramos as suas implicações em domínios que vão da medicina à biologia da conservação. Ao estudar a evolução, obtemos conhecimentos sobre as origens da biodiversidade, o desenvolvimento de estruturas biológicas complexas e a interconexão de todos os organismos vivos.

Junte-se a nós e embarque numa viagem pelo fascinante mundo da evolução, onde a investigação científica revela os mistérios do passado, presente e futuro da vida.

1.1. **Definição e âmbito da evolução**

A evolução é o processo biológico pelo qual as populações de organismos mudam ao longo de sucessivas gerações. Engloba as alterações genéticas, ecológicas e comportamentais que ocorrem nas espécies e o aparecimento de novas espécies em escalas de tempo geológicas. Na sua essência, a evolução explica como a vida na Terra se diversificou e se adaptou a diferentes ambientes.

Definição: A evolução é a mudança nos traços hereditários das populações biológicas ao longo de gerações sucessivas. Estas alterações ocorrem através de mecanismos como a seleção natural, a deriva genética, o fluxo genético e as mutações, conduzindo à adaptação e à divergência das espécies.

Âmbito: Os processos evolutivos operam a vários níveis, desde as mudanças nas frequências de alelos nas populações até aos eventos de especiação que resultam na formação de novas espécies. A biologia evolutiva investiga os mecanismos que conduzem estas mudanças e as suas implicações para a diversidade de formas de vida, o desenvolvimento de estruturas biológicas e as interações ecológicas entre organismos.

A compreensão da evolução permite compreender as origens da biodiversidade, a base genética da adaptação e a interconexão de todos os organismos vivos. Constitui a base da biologia moderna, influenciando domínios tão diversos como a medicina, a agricultura, a biologia da conservação e a antropologia.

Nesta secção, exploramos os princípios fundamentais da evolução, examinamos as provas que sustentam a teoria da evolução e discutimos a sua relevância para a compreensão do mundo natural.

1.2. **Porque é que estudamos a evolução?**

O estudo da evolução é essencial por várias razões imperiosas, que abrangem dimensões científicas, práticas e filosóficas:

1. Compreender a diversidade da vida: A teoria da evolução fornece uma estrutura para compreender a vasta diversidade da vida na Terra. Explica como as espécies se adaptaram a diversos ambientes e como as estruturas e funções biológicas evoluíram ao longo de milhões de anos.

2. **Conhecimento dos processos biológicos:** A biologia evolutiva elucida os processos biológicos fundamentais, como a variação genética, a seleção natural e a especiação. Ao estudar estes processos, obtemos conhecimentos sobre o modo como os organismos funcionam, interagem e evoluem em resposta a ambientes em mudança.

3. **Aplicações médicas e agrícolas:** Os princípios evolutivos estão na base dos avanços da medicina e da agricultura. A compreensão da forma como os agentes patogénicos desenvolvem a resistência aos medicamentos ou como as culturas se adaptam aos factores de stress ambiental permite definir estratégias de controlo das doenças e de melhoramento das culturas.

4. **Conservação e Biodiversidade:** Os estudos evolutivos informam os esforços de conservação através da identificação de linhagens evolutivas únicas, da compreensão dos potenciais adaptativos das espécies e da previsão das respostas às alterações ambientais. Os biólogos da conservação utilizam os conhecimentos evolutivos para dar prioridade aos esforços de conservação e gerir os ecossistemas de forma sustentável.

5. **Perspectivas históricas e culturais:** A teoria da evolução oferece uma perspetiva profunda sobre o lugar da humanidade no mundo natural. Relaciona as nossas origens biológicas com questões mais vastas sobre a existência, a ética e a nossa relação com outras espécies.

6. **Aplicações práticas na indústria:** Os princípios evolutivos

são cada vez mais aplicados na biotecnologia, bioengenharia e processos industriais. Técnicas como a evolução dirigida são utilizadas para desenvolver enzimas, proteínas e biomoléculas para várias aplicações.

7. **Enfrentar os desafios da sociedade:** A biologia evolutiva contribui para a abordagem de questões globais prementes, como as alterações climáticas, as doenças infecciosas e a segurança alimentar. Fornece informações sobre estratégias de adaptação às alterações ambientais e de atenuação dos impactos das actividades humanas nos ecossistemas.

Em resumo, o estudo da evolução enriquece a nossa compreensão do passado, do presente e do futuro da vida. Fornece conhecimentos práticos para melhorar a saúde humana, manter a biodiversidade e enfrentar desafios societais complexos. Ao explorar os processos evolutivos, descobrimos a profunda interconexão de todos os seres vivos e aprofundamos o nosso apreço pelas maravilhas da diversidade biológica.

2. Desenvolvimento histórico da evolução

O conceito de evolução tem evoluído ao longo dos séculos, moldado por observações, teorias e descobertas de diversos domínios da ciência. Eis os principais marcos do seu desenvolvimento histórico:

Raízes Antigas:

- **Filósofos gregos:** Os primeiros filósofos gregos, como Anaximandro e Empédocles, propuseram ideias que sugeriam que as formas de vida podiam mudar ao longo do tempo ou surgir de formas mais simples.
- **Períodos Medieval e Renascentista:** As ideias sobre as alterações biológicas eram debatidas, mas frequentemente misturadas com crenças religiosas ou metafísicas.

18th Século:

- **Carl Linnaeus:** Introduziu um sistema de classificação hierárquica (taxonomia) para os organismos vivos com base em caraterísticas comuns, lançando as bases para a compreensão das relações entre as espécies.
- **Georges-Louis Leclerc, Conde de Buffon:** Propôs ideias sobre a mutabilidade das espécies e a influência dos factores ambientais nos organismos.

Início do século XIX:

- **Jean-Baptiste Lamarck:** Propôs a teoria da "herança das caraterísticas adquiridas", sugerindo que as caraterísticas adquiridas durante a vida de um organismo podiam ser transmitidas aos descendentes. Embora o seu mecanismo tenha sido mais tarde desacreditado, as ideias de Lamarck contribuíram para o pensamento evolutivo inicial.

- **Charles Darwin:** A obra seminal de Darwin, "On the Origin of Species" (1859), apresentou a teoria da evolução por seleção natural. Darwin propôs que as espécies evoluem através de um processo em que as variações vantajosas são selecionadas ao longo das gerações, conduzindo à adaptação e à divergência das espécies.

Final do século XIXth até ao início do século XX:

- **Gregor Mendel:** A redescoberta das leis da hereditariedade de Mendel (década de 1860-1900) proporcionou uma base genética para a compreensão da forma como as caraterísticas são transmitidas através das gerações, complementando a teoria de Darwin.
- **Síntese Moderna:** No início do século XX, a integração da genética com a evolução darwiniana levou ao desenvolvimento da Síntese Moderna ou Neo-Darwinismo. Esta síntese explica a evolução como mudanças nas frequências alélicas dentro das populações, impulsionadas pela seleção natural que actua sobre a variação genética.

Século XX e mais além:

- **Avanços em Genética:** A descoberta da estrutura do ADN e da genética molecular em meados do século XX proporcionou uma visão mais profunda dos mecanismos de hereditariedade e de mudança evolutiva.
- **Síntese alargada:** A biologia evolutiva contemporânea continua a evoluir com a incorporação de novos campos como a biologia molecular, a genómica e a biologia do desenvolvimento, expandindo a nossa compreensão dos processos evolutivos.

Ao longo da sua história, o conceito de evolução foi sendo aperfeiçoado e alargado, integrando conhecimentos de várias disciplinas para explicar os padrões e mecanismos da diversidade biológica. Atualmente, a biologia evolutiva continua a ser um campo dinâmico que continua a desvendar as complexidades da história evolutiva da vida e as suas implicações para a compreensão do mundo natural.

2.1. Ideias evolutivas e não evolutivas

Jean-Baptiste Lamarck (1744-1829):

Teoria das Caraterísticas Adquiridas: Lamarck propôs que os organismos podiam transmitir aos seus descendentes as caraterísticas adquiridas durante a sua vida. Esta teoria sugeria que o uso ou desuso de órgãos levaria ao seu desenvolvimento ou degeneração, respetivamente. Por exemplo, Lamarck supôs que as girafas desenvolveram pescoços longos através de gerações de alongamento para alcançar folhas altas. Apesar de terem sido largamente desacreditadas pela genética moderna, as ideias de Lamarck marcaram uma tentativa inicial de explicar a mudança evolutiva através de mecanismos para além da simples herança de caraterísticas.

Georges Cuvier (1769-1832):

Catastrofismo: Cuvier, um proeminente naturalista e paleontólogo, propôs a teoria do catastrofismo. Defendeu que a história da Terra foi marcada por eventos cataclísmicos periódicos (como inundações ou terramotos) que levaram à extinção de espécies nas regiões afectadas. O trabalho de Cuvier enfatizava a ideia de que as mudanças geológicas e biológicas ocorriam em episódios distintos e súbitos, em vez de processos graduais e contínuos.

Charles Lyell (1797-1875):

Uniformitarismo: Lyell, um geólogo, propôs a teoria do uniformitarismo, que defendia que os processos geológicos observados no presente são os mesmos processos que operaram no passado. Este princípio implica que os processos graduais e contínuos moldam as caraterísticas da Terra ao longo de vastos períodos. As ideias de Lyell desafiaram as noções anteriores de catastrofismo e forneceram um quadro para a compreensão das mudanças graduais na história geológica da Terra.

Comparação e influência:

Pontos de vista evolutivos vs. não evolutivos: Antes de Darwin, a teoria das caraterísticas adquiridas de Lamarck sugeria um mecanismo para a mudança evolutiva, embora suas idéias específicas sobre herança tenham sido refutadas mais tarde. O catastrofismo de Cuvier e o uniformitarismo de Lyell lançaram as bases para a compreensão da história da Terra, influenciando o pensamento de Darwin sobre a mudança gradual durante longos períodos.

Impacto em Darwin: Darwin sintetizou estas ideias com as suas observações durante a viagem do HMS Beagle e propôs a seleção natural como o mecanismo primário que impulsiona a mudança evolutiva em "On the Origin of Species" (1859). Incorporou princípios geológicos de Lyell e conhecimentos biológicos, embora de forma crítica, de Lamarck e outros, para formular a sua teoria abrangente da evolução.

Antes da síntese de Darwin, estes primeiros pensadores lançaram as bases essenciais, explorando ideias sobre a história e a mudança da vida na Terra, contribuindo para o desenvolvimento da teoria da evolução, tal como a entendemos atualmente.

Esta panorâmica destaca as contribuições de Lamarck, Cuvier e Lyell para o pensamento evolutivo inicial e a sua influência no desenvolvimento da teoria da evolução por seleção natural de Darwin.

Jean-Baptiste Lamarck (1744-1829):

Jean-Baptiste Lamarck (1744-1829) foi um naturalista e biólogo francês cujas ideias lançaram as bases fundamentais da teoria evolutiva, apesar de alguns aspectos do seu trabalho terem sido posteriormente refutados ou aperfeiçoados. Eis os principais aspectos da vida e dos contributos de Lamarck:

1. **Início da vida e carreira:** Lamarck começou a sua carreira como soldado, mas mais tarde dedicou-se ao estudo da botânica e da zoologia. Tornou-se uma figura notável nos círculos científicos franceses durante o final do século XVIII e início do século XIX.
2. **Teoria das Caraterísticas Adquiridas:** Lamarck é mais conhecido por ter proposto a teoria da "herança das caraterísticas adquiridas" (também conhecida como Lamarckismo). Ele postulou que os organismos podem transmitir aos seus descendentes caraterísticas adquiridas durante a sua vida. Por exemplo, sugeriu que o pescoço comprido de uma girafa evoluiu ao longo de gerações, à medida que os indivíduos esticavam o pescoço para alcançar folhas mais altas, e esta caraterística adquirida foi herdada pelos seus descendentes.
3. **Mecanismo evolutivo:** A teoria de Lamarck sugeria que as pressões ambientais e o uso ou desuso de órgãos poderiam levar a mudanças nos traços de um organismo

ao longo do tempo. Este mecanismo foi visto como um desvio das ideias anteriores de que as espécies eram estáticas e imutáveis.

4. **Classificação e contributos:** Lamarck contribuiu significativamente para a classificação dos animais invertebrados e propôs as primeiras ideias evolutivas antes da teoria mais abrangente da evolução por seleção natural de Charles Darwin.

5. **Legado e crítica:** Embora as ideias de Lamarck sobre a hereditariedade das caraterísticas adquiridas tenham sido influentes no desencadear de discussões sobre a mudança evolutiva, foram mais tarde desafiadas e largamente desacreditadas pelo aparecimento da genética mendeliana e da Síntese Moderna no século XX. No entanto, as contribuições de Lamarck para o pensamento evolutivo inicial permanecem notáveis pelo seu impacto na investigação científica subsequente sobre os mecanismos da mudança biológica.

Georges Cuvier (1769-1832):

Georges Cuvier (1769-1832) foi um proeminente naturalista e paleontólogo francês que deu contributos significativos para os domínios da anatomia comparada, da paleontologia e da compreensão da história da Terra. Eis os principais aspectos da vida e obra de Cuvier:

1. **Juventude e educação:** Georges Cuvier nasceu em Montbéliard, França. Começou por estudar teologia, mas

mais tarde dedicou-se às ciências naturais, nomeadamente à anatomia e à paleontologia.

2. **Anatomia Comparada:** Cuvier ficou conhecido pelo seu trabalho em anatomia comparada, onde estudou sistematicamente a anatomia de diferentes espécies animais. As suas comparações pormenorizadas ajudaram a estabelecer princípios de classificação dos animais e lançaram as bases da zoologia moderna dos vertebrados.
3. **Paleontologia e Extinção:** As contribuições mais significativas de Cuvier surgiram no domínio da paleontologia. Foi um dos primeiros cientistas a propor o conceito de extinção como uma ocorrência regular na história da Terra. Cuvier estudou restos fósseis encontrados em Paris e reconheceu que certas espécies já não existiam, o que o levou a concluir que eventos catastróficos (a que chamou "revoluções") causavam essas extinções.
4. **Catastrofismo:** Cuvier propôs a teoria do catastrofismo, que sugeria que as caraterísticas geológicas da Terra e a história da vida foram moldadas por acontecimentos súbitos e violentos (como inundações ou terramotos) e não por processos graduais. Esta teoria desafiava a visão predominante do uniformitarismo, que defendia a mudança geológica gradual durante longos períodos.
5. **Impacto e legado:** As contribuições de Cuvier para a paleontologia e a anatomia comparada foram fundamentais. O seu trabalho lançou as bases para a compreensão da

diversidade da vida na Terra e do impacto das alterações ambientais e dos acontecimentos catastróficos na extinção de espécies. As teorias de Cuvier influenciaram o pensamento geológico e biológico subsequente, incluindo as primeiras discussões sobre a mudança evolutiva antes do advento da teoria da seleção natural de Darwin.

O legado de Georges Cuvier continua a ser significativo nos domínios da paleontologia e da biologia evolutiva, em particular pelos seus contributos para a compreensão da dinâmica da vida e da extinção na história da Terra.

Charles Lyell (1797-1875):

Charles Lyell (1797-1875) foi um geólogo britânico que influenciou profundamente os domínios da geologia e da biologia evolutiva com as suas ideias e princípios. Eis os principais aspectos da vida e dos contributos de Lyell:

1. **Juventude e educação:** Charles Lyell nasceu na Escócia e estudou Direito na Universidade de Oxford. No entanto, a sua verdadeira paixão era a geologia e dedicou-se a ela avidamente, a par da sua carreira jurídica.
2. **Princípios de Geologia:** A obra mais famosa de Lyell é "Principles of Geology", publicada em vários volumes entre 1830 e 1833. Nesta obra seminal, Lyell propôs o conceito de uniformitarismo, que defendia que os processos geológicos observados no presente são os mesmos processos que operaram no passado. Este princípio desafiava a visão predominante do catastrofismo defendida por Georges

Cuvier, sugerindo que as caraterísticas da Terra são o resultado de processos graduais e contínuos ao longo de vastos períodos de tempo.

3. **Influência em Darwin:** As ideias de Charles Lyell tiveram uma profunda influência em Charles Darwin. Darwin levava uma cópia de "Principles of Geology" de Lyell na sua famosa viagem a bordo do HMS Beagle. A ênfase de Lyell na mudança gradual e na lenta acumulação de pequenas mudanças durante longos períodos de tempo forneceu um quadro intelectual crucial para o desenvolvimento de Darwin da teoria da evolução por seleção natural.
4. **Impacto científico:** As contribuições de Lyell estenderam-se para além da geologia. A sua defesa do uniformitarismo ajudou a estabelecer a geologia como uma disciplina científica rigorosa, baseada em provas empíricas e na observação. O seu trabalho também contribuiu para a compreensão da história geológica da Terra e para o conceito de tempo profundo, que forneceu um quadro temporal para a biologia evolutiva.
5. **Legado:** A influência de Charles Lyell repercute-se tanto na geologia como na biologia evolutiva. A sua promoção do uniformitarismo lançou as bases para os princípios geológicos modernos, e a sua influência indireta na teoria evolutiva de Darwin ajudou a moldar a nossa compreensão do mundo natural. A ênfase de Lyell no gradualismo e no poder dos processos geológicos a longo prazo continua a ser

fundamental em ambas as disciplinas até aos dias de hoje.

A vida e a obra de Charles Lyell são um exemplo da integração da investigação científica, da observação empírica e da síntese teórica que moldaram a nossa compreensão da história da Terra e da evolução biológica.

Comparação e influência:

Com certeza! Comparemos as contribuições e a influência de Jean-Baptiste Lamarck, Georges Cuvier e Charles Lyell:

Jean-Baptiste Lamarck:

Contributo: Lamarck é conhecido principalmente por ter proposto a teoria da hereditariedade das caraterísticas adquiridas. Sugeriu que os organismos podem transmitir aos seus descendentes as caraterísticas adquiridas durante a sua vida, o que constituiu uma tentativa inicial de explicar a mudança evolutiva.

Influência: As ideias de Lamarck suscitaram discussões sobre os mecanismos de mudança biológica antes do advento da genética moderna. Embora o seu mecanismo específico de hereditariedade tenha sido mais tarde desacreditado, o foco de Lamarck na adaptação e na influência ambiental lançou as bases do pensamento evolutivo.

Georges Cuvier:

Contributo: Cuvier deu contributos significativos para a anatomia comparada e a paleontologia. Propôs a teoria do catastrofismo, defendendo que a história geológica e biológica da Terra foi moldada por acontecimentos súbitos e catastróficos que conduziram a extinções em massa.

Influência: O trabalho de Cuvier estabeleceu o conceito de extinção como uma ocorrência regular na história da Terra e desafiou as ideias prevalecentes de uma Terra estática. A sua ênfase em acontecimentos catastróficos influenciou o pensamento geológico e evolutivo inicial, preparando o terreno para discussões sobre a história dinâmica da Terra.

Charles Lyell:

Contribuição: Lyell propôs o uniformitarismo, que sugeria que os processos geológicos observados no presente são os mesmos processos que operaram no passado. Os seus "Princípios de Geologia" enfatizavam a mudança gradual durante longos períodos, contrastando com o catastrofismo de Cuvier.

Influência: Os princípios do gradualismo de Lyell forneceram um quadro temporal para a compreensão da história geológica da Terra. A sua ênfase em processos lentos e contínuos influenciou Darwin, fornecendo uma base intelectual para o desenvolvimento da teoria da evolução por seleção natural.

Comparação:

Conceitos de mudança: Lamarck centrou-se na herança de caraterísticas adquiridas, propondo um mecanismo para a mudança evolutiva através do uso e desuso de órgãos. Cuvier enfatizou os acontecimentos catastróficos como factores de mudança geológica e biológica. Lyell, em contraste, enfatizou processos graduais e uniformes durante longos períodos de tempo.

Impacto no pensamento evolutivo: As ideias de Lamarck lançaram as primeiras bases da teoria evolutiva, mas foram ultrapassadas pela genética mendeliana e pela evolução darwiniana. As contribuições de Cuvier para a paleontologia e a extinção foram fundamentais para a compreensão da história da Terra. Os princípios de Lyell forneceram um quadro crítico para a teoria da seleção natural de Darwin, influenciando a biologia evolutiva moderna.

Legado: As ideias de Lamarck contribuíram para as primeiras discussões evolutivas, embora o seu mecanismo específico de herança tenha sido largamente refutado. O reconhecimento de Cuvier da extinção e dos eventos catastróficos continua a ser fundamental para a paleontologia. O uniformitarismo de Lyell continua a influenciar o pensamento geológico e evolutivo, enfatizando a mudança gradual e o tempo profundo.

Em suma, Lamarck, Cuvier e Lyell contribuíram de forma distinta para a nossa compreensão das mudanças biológicas e geológicas, influenciando o pensamento evolutivo inicial e fornecendo enquadramentos cruciais para a investigação científica subsequente sobre a história da vida na Terra.

2.2. A teoria de Darwin (1859)

A teoria de Charles Darwin, apresentada na sua obra seminal "Sobre a Origem das Espécies", publicada em 1859, revolucionou a nossa compreensão do mundo natural e continua a ser uma pedra angular da biologia moderna. Eis os principais aspectos da teoria de Darwin:

A teoria da evolução por seleção natural de Charles Darwin propunha várias ideias-chave:

1. **Descendência com modificação:** Darwin defendeu que todas as espécies descendem de um antepassado comum através de um processo a que chamou "descendência com modificação". Isto significa que, ao longo do tempo, as espécies mudam através de gerações sucessivas à medida que os traços vantajosos são transmitidos e os traços menos vantajosos são eliminados.
2. **Seleção natural:** Darwin propôs a seleção natural como o mecanismo que impulsiona a mudança evolutiva. A seleção natural funciona através dos seguintes princípios:

Variação: Os indivíduos de uma população apresentam variações nas suas caraterísticas.

Hereditariedade: Algumas destas variações são hereditárias e podem ser transmitidas aos descendentes.

Luta pela existência: As populações produzem mais descendentes do que o ambiente pode suportar, o que leva à competição pelos recursos.

Sobrevivência do mais apto: Os indivíduos com variações que proporcionam uma vantagem competitiva no seu ambiente têm mais probabilidades de sobreviver e de se reproduzir, transmitindo as suas caraterísticas vantajosas à geração seguinte.

Adaptação: Ao longo do tempo, a seleção natural leva à acumulação de adaptações que aumentam a aptidão (capacidade de sobreviver e de se reproduzir) dos indivíduos de uma população.

3. **Provas:** Darwin apoiou a sua teoria com provas extensivas de vários domínios, incluindo:

Biogeografia: Padrões de distribuição das espécies em diferentes regiões.

Paleontologia: Provas fósseis que mostram formas de transição e mudanças nos organismos ao longo do tempo geológico.

Anatomia Comparada: semelhanças e diferenças estruturais entre espécies relacionadas.

Embriologia: Semelhanças no desenvolvimento embrionário entre diferentes espécies.

Seleção Artificial: Reprodução de plantas e animais dirigida pelo homem para produzir as caraterísticas desejadas.

4. **Implicações:** A teoria de Darwin teve profundas implicações para a biologia, desafiando as crenças anteriores na fixidez das espécies e fornecendo uma explicação naturalista para a diversidade da vida na Terra. Lançou as bases para a compreensão dos processos de adaptação, especiação e interligação de todos os organismos vivos.

5. **Relevância contemporânea:** A teoria da evolução por seleção natural de Darwin continua a ser apoiada e aperfeiçoada pela investigação científica moderna em genética, biologia molecular, ecologia e outros domínios. Continua a ser uma teoria unificadora em biologia, explicando tanto a unidade como a diversidade da vida.

A teoria da evolução por seleção natural de Darwin representa um momento crucial na história da ciência, alterando fundamentalmente a nossa compreensão do mundo natural e desencadeando uma investigação científica contínua sobre os processos e padrões da evolução da vida.

Alferd Russel Wallace

Alfred Russel Wallace (1823-1913) foi um naturalista, explorador e biólogo britânico que desenvolveu, de forma independente, uma teoria da evolução através da seleção natural, contemporaneamente a Charles Darwin. Eis um resumo de Alfred Russel Wallace e dos seus contributos:

1. **Início da vida e exploração:** Wallace começou a sua carreira como colecionador e naturalista, viajando extensivamente pela América do Sul e pelo Sudeste Asiático para estudar e recolher espécimes de plantas e animais.

2. **Teoria da evolução:** Em 1858, Wallace escreveu um artigo intitulado "On the Tendency of Varieties to Depart Indefinitely from the Original Type", delineando a sua teoria da evolução através da seleção natural. Este trabalho foi

enviado a Charles Darwin, que ficou impressionado com a sua semelhança com as suas próprias ideias e levou à apresentação conjunta das suas teorias em 1858.

3. **Seleção natural:** A teoria da seleção natural de Wallace é paralela à de Darwin, propondo que as espécies evoluem através da luta pela existência, das variações dentro das populações e da sobrevivência dos indivíduos mais bem adaptados ao seu ambiente. O trabalho de Wallace forneceu provas adicionais e apoio à teoria de Darwin.
4. **Biogeografia:** Wallace deu contributos significativos para a biogeografia, estudando a distribuição das espécies em diferentes regiões geográficas. O seu trabalho sobre a Linha de Wallace, uma fronteira biogeográfica entre a fauna do Sudeste Asiático e da Austrália, continua a ter influência na compreensão dos padrões de distribuição das espécies.
5. **Publicações e influência:** Wallace é autor de numerosos livros e artigos sobre história natural, antropologia e biologia evolutiva. Os seus escritos contribuíram para uma maior compreensão e aceitação pública da teoria evolutiva.
6. **Legado:** Embora Charles Darwin seja mais frequentemente associado à teoria da evolução por seleção natural, a formulação independente da teoria por Wallace sublinha a importância de múltiplos contributos para as descobertas científicas. O legado de Wallace como naturalista e codescobridor da seleção natural continua a ser reconhecido em contextos científicos e históricos.

A vida e a obra de Alfred Russel Wallace exemplificam o espírito de exploração e descoberta científica, nomeadamente no estudo da evolução e da biogeografia. As suas contribuições, juntamente com Darwin, ajudaram a moldar a nossa compreensão dos processos subjacentes à diversidade da vida na Terra.

Ernst Haeckel (1834-1919)

Ernst Haeckel (1834-1919) foi um biólogo, naturalista, filósofo, médico, professor e artista alemão que deu contributos significativos para vários domínios da ciência e da filosofia. Eis um resumo de Ernst Haeckel e dos seus contributos:

1. **Contribuições biológicas e evolutivas:**

Embriologia e Teoria da Recapitulação: Haeckel propôs a lei biogenética, frequentemente resumida pela frase "a ontogenia recapitula a filogenia". Esta teoria sugeria que o desenvolvimento de um embrião (ontogénese) reflecte o desenvolvimento evolutivo da sua espécie (filogenia). Embora as suas interpretações específicas tenham sido criticadas, o trabalho de Haeckel lançou as bases para a compreensão das relações entre o desenvolvimento embrionário e a história evolutiva.

Biologia Evolutiva: Haeckel foi um forte defensor da teoria da evolução por seleção natural de Charles Darwin. Popularizou as ideias evolutivas através dos seus escritos e ilustrações, enfatizando a unidade e a diversidade das formas de vida através da ancestralidade comum.

2. **Taxonomia e classificação:**

Haeckel contribuiu para a classificação de organismos unicelulares, nomeadamente radiolários e outros microrganismos, através das suas ilustrações e descrições pormenorizadas. O seu trabalho neste domínio contribuiu para o avanço da compreensão da diversidade microbiana.

3. **Esforços filosóficos e de divulgação:**

Monismo e Filosofia: Haeckel defendeu o monismo, um conceito filosófico que postula uma substância única e unificada ou um princípio subjacente a todos os fenómenos. Defendia uma visão científica do mundo que integrasse as dimensões biológica, filosófica e ética.

Popularização da Ciência: Haeckel desempenhou um papel significativo na popularização das ideias científicas entre o público em geral através dos seus escritos, palestras e ilustrações. Os seus livros, tais como "A Evolução do Homem" e "O Enigma do Universo", atingiram grandes audiências e influenciaram a compreensão pública da biologia evolutiva e da história natural.

4. **Contribuições artísticas:**

Haeckel foi também um hábil artista e ilustrador, conhecido pelas suas ilustrações científicas pormenorizadas e precisas de organismos marinhos, incluindo radiolários e outras criaturas microscópicas. O seu trabalho artístico combinava o rigor científico com a beleza estética, melhorando a representação visual da história natural.

5. **Controvérsia e crítica:**

Embora as contribuições de Haeckel para a ciência e a filosofia tenham sido substanciais, algumas das suas interpretações e ilustrações têm sido criticadas por imprecisões ou preconceitos, particularmente na sua representação de desenhos de embriões que sugeriam uma adesão mais rigorosa à teoria da recapitulação do que as provas posteriores apoiaram.

O legado de Ernst Haeckel caracteriza-se pelas suas contribuições multifacetadas para a biologia evolutiva, a embriologia, a taxonomia, a filosofia e a comunicação científica. Os seus esforços ajudaram a moldar as bases da biologia moderna e continuam a inspirar a investigação científica e o debate no estudo da diversidade da vida e da história evolutiva.

August Weismann

August Weismann (1834-1914) foi um biólogo alemão conhecido pelas suas contribuições significativas para os domínios da biologia evolutiva, da genética e da biologia do desenvolvimento. Eis um resumo de August Weismann e dos seus contributos:

1. **Teoria do plasma germinativo:**

Weismann propôs a teoria da continuidade do plasma germinativo, também conhecida como barreira de Weismann. Sugeriu que a informação hereditária passa apenas das células germinativas (esperma e óvulo) para a descendência e não é afetada por alterações nas células somáticas (do corpo). Esta teoria lançou as bases para a compreensão da distinção entre as células da linha germinal, que transmitem a informação genética à geração seguinte, e as células somáticas, que não o fazem.

2. **Teoria da Evolução:**

O trabalho de Weismann contribuiu para o desenvolvimento do neodarwinismo, que integrou a seleção natural darwiniana com a genética mendeliana. Weismann enfatizou o papel das mutações e da variação genética na evolução, propondo que as alterações no plasma germinativo (mutações na linha germinativa) são os principais factores de mudança evolutiva ao longo das gerações.

3. **Embriologia experimental:**

Weismann realizou extensas experiências em embriologia e biologia do desenvolvimento para estudar a diferenciação de células e tecidos durante o desenvolvimento. A sua investigação forneceu informações sobre os mecanismos subjacentes à diferenciação e especialização celular, contribuindo para a nossa compreensão dos processos de desenvolvimento.

4. **Crítica do Lamarckismo:**

As experiências de Weismann com organismos como os ratos e os ouriços-do-mar levaram-no a rejeitar a teoria de Lamarck sobre a herança das caraterísticas adquiridas. Weismann demonstrou, através de experiências com animais, que as alterações adquiridas durante a vida de um organismo (como os traços físicos) não são transmitidas aos descendentes através da herança genética.

5. **Herança e cromossomas:**

Os estudos de Weismann contribuíram também para a compreensão da herança cromossómica e do papel dos cromossomas na transmissão da informação genética. O seu trabalho ajudou a preparar o caminho para a descoberta do papel do ADN e dos genes na hereditariedade e na variação genética.

6. **Legado:**

As contribuições de August Weismann tiveram um impacto profundo nos domínios da genética, da biologia evolutiva e da biologia do desenvolvimento. A sua teoria do germoplasma proporcionou um quadro para a compreensão da continuidade da informação genética através das gerações, influenciando a investigação subsequente em genética e biologia molecular. A ênfase de Weismann na importância das mutações genéticas na evolução também moldou a síntese moderna da teoria evolutiva no século XX.

O legado de August Weismann continua a ser influente na investigação biológica contemporânea, em particular na genética e na biologia evolutiva, onde as suas ideias sobre o germoplasma e a herança genética lançaram bases fundamentais para a nossa compreensão da hereditariedade e dos processos evolutivos.

De Veries e William Bateson

Parece que pode haver um ligeiro erro nos nomes. Se pretendia saber mais sobre "de Vries" e William Bateson, aqui está um resumo de cada um:

1. **Hugo de Vries (1848-1935):**

Teoria da Mutação: Hugo de Vries foi um botânico holandês que propôs a teoria da mutação da evolução. Redescobriu independentemente as leis da hereditariedade de Mendel, na mesma altura que Carl Correns e Erich von Tschermak-Seysenegg. De Vries sugeriu que a mudança evolutiva ocorre em grandes saltos (saltationismo), em vez de gradualmente, através do aparecimento súbito de novas caraterísticas devido a mutações.

Prímula da noite: Realizou extensas experiências com a planta da onagra (Oenothera lamarckiana), documentando mudanças súbitas e hereditárias nos seus traços, que atribuiu a mutações.

Influência: A teoria da mutação de De Vries desafiou o gradualismo darwiniano e influenciou discussões posteriores sobre os mecanismos da mudança evolutiva, particularmente o papel das mutações genéticas.

2. **William Bateson (1861-1926):**

Genética Mendeliana: William Bateson foi um biólogo inglês que desempenhou um papel fundamental na introdução do trabalho de Gregor Mendel sobre genética na comunidade científica de língua inglesa. Criou o termo "genética" para descrever o estudo da hereditariedade e da variação com base nos princípios de Mendel.

Leis de Mendel: Bateson realizou pesquisas sobre padrões de herança em plantas e animais, confirmando e ampliando as leis de herança de Mendel. Salientou a importância de unidades discretas de herança (genes) na transmissão de caraterísticas através das gerações.

Síntese moderna: A defesa da genética mendeliana por Bateson contribuiu para a integração do mendelismo com a evolução darwiniana, levando à síntese moderna da teoria evolutiva no início do século XX.

Legado: As contribuições de Bateson lançaram as bases fundamentais para o domínio da genética e o seu papel na compreensão dos processos evolutivos. Os seus esforços ajudaram a estabelecer a genética como uma disciplina científica distinta e prepararam o caminho para os avanços subsequentes da genética molecular e da genómica.

Tanto Hugo de Vries como William Bateson deram contributos significativos para a nossa compreensão da genética e da biologia evolutiva durante o final do século XIX e início do século XX, influenciando o desenvolvimento das ciências biológicas modernas.

Karl Pearson

Karl Pearson (1857-1936) foi um matemático, estatístico e

bioestatístico britânico que deu contributos significativos para os domínios da estatística, da biometria e da eugenia. Eis um resumo de Karl Pearson e dos seus contributos:

1. **Início da vida e educação:**

Karl Pearson nasceu em Londres e estudou matemática no King's College, em Cambridge. Mais tarde, dedicou-se à investigação em filosofia e física antes de se concentrar na estatística.

2. **Fundamentos de Estatística:**

Pearson é considerado um dos fundadores da estatística moderna. Desenvolveu muitas técnicas e métodos estatísticos, incluindo o método dos momentos, o coeficiente de correlação e o teste do qui-quadrado de adequação.

O seu trabalho lançou as bases para o domínio da estatística matemática, dando ênfase a abordagens matemáticas rigorosas à análise e inferência de dados.

3. **Biometria e Eugenia:**

Pearson aplicou métodos estatísticos ao estudo da variação biológica e da hereditariedade, conhecido como biometria. Colaborou com Francis Galton, que era seu primo, em estudos sobre hereditariedade e eugenia.

O trabalho de Pearson em eugenia, que se centrava na melhoria da qualidade genética humana através da reprodução selectiva, tem sido controverso e criticado pelas suas implicações sociais.

4. **Correlação e Regressão:**

Pearson introduziu o conceito de coeficiente de correlação para medir a força e a direção das relações lineares entre variáveis. Este conceito tornou-se uma ferramenta fundamental na análise estatística.

Também contribuiu para o desenvolvimento da análise de regressão, explorando métodos para modelar relações entre variáveis e fazer previsões com base em dados.

5. **Legado e impacto:**

As contribuições de Karl Pearson para a estatística e a biometria tiveram um impacto duradouro na investigação científica e na análise de dados. O seu desenvolvimento de técnicas estatísticas proporcionou um quadro rigoroso para testar hipóteses e tirar conclusões a partir de dados.

Apesar das controvérsias em torno do seu trabalho em eugenia, os métodos estatísticos de Pearson e os seus contributos para os fundamentos da estatística moderna continuam a ter grande influência em domínios que vão das ciências sociais às ciências biológicas.

O trabalho de Karl Pearson exemplifica a aplicação de princípios matemáticos e estatísticos rigorosos às ciências biológicas e sociais, moldando a metodologia da análise de dados e a inferência na investigação científica. As suas contribuições continuam a influenciar a teoria e a prática da estatística atualmente.

2.3. A Síntese Moderna (Neo-Darwinismo)

A Síntese Moderna, também conhecida como Neo-Darwinismo, refere-se à integração da genética mendeliana com a evolução darwiniana, formando uma teoria abrangente da biologia evolutiva no início do século XX. As figuras-chave desta síntese incluem R.A. Fisher, J.B.S. Haldane e Sewall Wright, cada um dos quais contribuiu significativamente para colmatar o fosso entre a genética e a seleção natural. Segue-se um resumo das suas contribuições:

1. **R.A. Fisher (1890-1962):**

Genética estatística: Ronald Aylmer Fisher foi um estatístico e geneticista britânico que desenvolveu muitos dos métodos estatísticos utilizados na genética moderna. Contribuiu significativamente para a compreensão da hereditariedade de caraterísticas complexas e para a genética populacional.

O Teorema Fundamental da Seleção Natural: Fisher formulou o Teorema Fundamental da Seleção Natural, que descreve a taxa de variação da aptidão numa população como sendo proporcional à variância genética da aptidão.

Seleção sexual: Fisher alargou a teoria de Darwin para incluir o papel da seleção sexual na evolução, propondo modelos matemáticos para explicar a evolução de caraterísticas que aumentam o sucesso no acasalamento.

2. **J.B.S. Haldane (1892-1964):**

Biólogo matemático: John Burdon Sanderson Haldane foi um cientista britânico-indiano conhecido pelas suas contribuições para a biologia matemática e a genética evolutiva.

Genética quantitativa: Haldane desenvolveu modelos matemáticos para estudar a base genética da mudança evolutiva, concentrando-se particularmente na taxa de evolução e nos efeitos da seleção natural nas frequências genéticas.

Evolução biológica: Contribuiu para a compreensão dos processos evolutivos, incluindo a deriva genética, o fluxo genético e a manutenção da variação genética nas populações.

3. **Sewall Wright (1889-1988):**

Genética das populações: Sewall Wright foi um geneticista americano conhecido pelo seu trabalho em genética evolutiva e genética populacional.

Deriva genética: Wright propôs o conceito de deriva genética, a flutuação aleatória das frequências de alelos em pequenas populações, como um mecanismo de evolução a par da seleção natural.

Paisagem adaptativa: Introduziu o conceito de paisagem adaptativa, uma metáfora visual para descrever a forma como as populações se deslocam nos espaços genéticos em resposta à seleção natural e à deriva genética.

Síntese moderna:

Integração da Genética e da Seleção Natural: Em conjunto, Fisher, Haldane e Wright contribuíram para a Síntese Moderna ao demonstrarem como a genética mendeliana podia explicar a variação observada nas populações naturais e como a seleção natural actua sobre esta variação para impulsionar a mudança evolutiva.

Síntese de ideias: O seu trabalho integrou a teoria da seleção natural de Darwin com a genética mendeliana, estabelecendo o quadro para a compreensão da evolução como mudanças nas frequências de alelos nas populações ao longo das gerações.

Legado: A Síntese Moderna forneceu uma teoria unificada da evolução que combinava a genética, a biologia evolutiva e a genética populacional, lançando as bases da biologia evolutiva moderna e orientando a investigação em genética e teoria evolutiva ao longo do século XX.

As contribuições de R.A. Fisher, J.B.S. Haldane e Sewall Wright foram fundamentais para moldar a nossa compreensão atual da evolução, integrando a genética e a seleção natural, formando a base da biologia evolutiva moderna.

2.4. Evolução no âmbito da síntese moderna (anos 60 - atualidade)

Motoo Kimura

Motoo Kimura (1924-1994) foi um geneticista populacional japonês conhecido pelas suas contribuições significativas para o campo da evolução molecular, particularmente através do desenvolvimento da teoria neutra da evolução molecular. Aqui está uma visão geral de Motoo Kimura e suas contribuições no contexto da Síntese Moderna:

1. **Teoria neutra da evolução molecular:**

Kimura propôs a teoria neutra da evolução molecular na década de 1960. Esta teoria sugere que a maioria das alterações evolutivas a nível molecular se deve à deriva genética de mutações neutras que não afectam a aptidão de um organismo.

De acordo com Kimura, a maioria das mutações nas sequências de ADN são seletivamente neutras, o que significa que não conferem uma vantagem ou desvantagem selectiva ao organismo. Estas mutações neutras acumulam-se nas populações ao longo do tempo devido à deriva genética.

A teoria neutra desafiou o pressuposto de que a seleção natural é o principal motor da evolução molecular, sugerindo, em vez disso, que a deriva genética desempenha um papel significativo, especialmente na modelação da evolução de mutações silenciosas (neutras) em regiões não codificantes do ADN e em algumas mutações sinónimas.

2. **Influência na genética das populações:**

O trabalho de Kimura teve um impacto profundo na genética populacional e na biologia molecular. Proporcionou uma nova perspetiva sobre os mecanismos da evolução molecular, salientando a importância dos processos estocásticos (como a deriva genética) a par da seleção natural.

A teoria neutra ajudou a explicar padrões observados em dados moleculares, tais como o elevado nível de variação genética dentro das populações e a hipótese do relógio molecular, que propõe uma taxa constante de evolução molecular ao longo do tempo.

3. **Crítica e debate:**

A teoria neutra de Kimura suscitou um debate e um escrutínio consideráveis no seio da comunidade científica. Os críticos discutiram até que ponto a seleção natural e a deriva genética influenciam a evolução molecular, levando a uma investigação contínua e ao aperfeiçoamento das teorias evolutivas.

Apesar das críticas, a teoria neutra continua a ser um conceito fundamental na evolução molecular, influenciando a investigação em genética, genómica e biologia evolutiva.

4. **Legado:**

As contribuições de Motoo Kimura para a Síntese Moderna alargaram o quadro estabelecido por figuras anteriores como R.A. Fisher, J.B.S.

Haldane e Sewall Wright. A sua teoria neutra da evolução molecular forneceu uma perspetiva complementar à síntese da genética e da seleção natural, enriquecendo a nossa compreensão dos processos evolutivos a nível molecular.

O trabalho de Kimura continua a influenciar a investigação em biologia evolutiva e genética populacional, contribuindo para debates e descobertas em curso sobre evolução molecular e variação genética.

O desenvolvimento da teoria neutra da evolução molecular por

Motoo Kimura representa um marco significativo no contexto da Síntese Moderna, oferecendo uma visão da dinâmica evolutiva da variação genética e da acumulação de mutações nas populações ao longo do tempo.

3. Teorias sobre a origem da vida

A origem da vida é um tema complexo e multifacetado que tem intrigado cientistas e pensadores durante séculos. Várias teorias foram propostas para explicar como a vida pode ter surgido na Terra. Aqui estão algumas das principais teorias:

1. **Abiogénese (Evolução Química):**

Abiogénese é o termo científico para a origem da vida a partir de matéria não viva através de processos naturais. Propõe que a vida surgiu a partir de moléculas orgânicas simples que sofreram reacções químicas no ambiente primitivo da Terra.

Experiência Miller-Urey: Em 1953, Stanley Miller e Harold Urey realizaram uma experiência que simulava as condições da Terra primitiva, produzindo aminoácidos e outros compostos orgânicos a partir de precursores inorgânicos. Esta experiência apoiou a ideia de que as moléculas orgânicas necessárias à vida poderiam surgir espontaneamente nas condições da Terra primitiva.

2. **Hipótese do mundo do ARN:**

A hipótese do Mundo de ARN propõe que as moléculas de ácido ribonucleico (ARN) auto-replicantes foram precursoras das formas de vida actuais. O ARN é capaz de armazenar informação genética e catalisar reacções bioquímicas, o que sugere que pode ter desempenhado um papel crucial nos primeiros processos celulares antes da evolução do ADN e das proteínas.

Esta hipótese é apoiada pela descoberta de que algumas moléculas de ARN, chamadas ribozimas, podem catalisar reacções bioquímicas específicas, semelhantes às enzimas.

3. **Panspermia:**

A panspermia sugere que a vida existe em todo o universo e pode ser espalhada de um planeta para outro através de meteoróides, asteróides, cometas ou outros meios. A ideia é que a vida na Terra pode ter tido origem em microrganismos ou precursores químicos da vida transportados pelo espaço.

Embora não seja uma teoria da origem da vida em si, a panspermia aborda a possibilidade de distribuição da vida no universo.

4. **Hipótese das chaminés de águas profundas (Hipótese das chaminés hidrotermais):**

Esta hipótese propõe que a vida pode ter-se originado em fontes hidrotermais no fundo do oceano. Estas fontes libertam água superaquecida, rica em minerais, que pode fornecer energia e compostos químicos essenciais à vida.

Alguns investigadores sugerem que estes ambientes poderiam ter proporcionado um cenário adequado para o aparecimento de formas de vida primitivas.

5. **Hipótese da faísca eléctrica (descarga eléctrica):**

Esta hipótese sugere que os relâmpagos ou as descargas eléctricas na atmosfera primitiva da Terra poderiam ter produzido moléculas orgânicas a partir de compostos inorgânicos, como o metano, o amoníaco, a água e o hidrogénio.

A energia destas descargas eléctricas pode ter impulsionado reacções químicas que levaram à formação de moléculas orgânicas complexas, contribuindo potencialmente para a origem da vida.

6. **Teoria da argila:**

A teoria da argila propõe que os precursores da vida podem ter sido formados em superfícies minerais, particularmente em minerais de argila. Estes minerais poderiam ter proporcionado um ambiente estável para a concentração e organização de moléculas orgânicas, facilitando o aparecimento dos primeiros processos bioquímicos.

7. **Hipótese do gradiente térmico:**

Esta hipótese sugere que a vida poderia ter tido origem em interfaces entre ambientes quentes e frios, onde os gradientes de temperatura poderiam impulsionar as reacções químicas necessárias para a formação de moléculas orgânicas e vias bioquímicas.

Estas teorias representam a investigação científica em curso sobre a origem da vida, explorando vários cenários e condições em que a vida poderia ter surgido na Terra há milhares de milhões de anos. A investigação continua a descobrir novas provas e a aperfeiçoar a nossa compreensão desta questão fundamental da biologia e das ciências planetárias.

3.1. Teoria da criação especial

A teoria da Criação Especial postula que a vida na Terra, particularmente as formas de vida complexas, foram criadas por uma entidade sobrenatural ou divindade e não através de processos naturais. Aqui está uma visão geral da teoria da Criação Especial:

1. **Conceito:**

A Criação Especial sugere que os organismos vivos, especialmente aqueles considerados altamente complexos ou adaptados de forma única, foram criados por um ser divino ou um projetista inteligente. Este conceito contrasta com as teorias evolutivas, que propõem que a vida se desenvolveu através de processos naturais ao longo de milhares de milhões de anos.

2. **Contexto religioso e cultural:**

As teorias da criação especial estão frequentemente associadas a crenças religiosas que atribuem a origem e a diversidade da vida a uma divindade criadora, tal como descrito nos mitos da criação e nos textos religiosos. Por exemplo, no cristianismo, no judaísmo e no islamismo, o conceito de criação especial alinha-se com a crença num Deus criador que trouxe todos os seres vivos à existência.

3. **Espécies fixas:**

Tradicionalmente, as teorias da Criação Especial têm frequentemente incluído a ideia de espécies fixas, o que significa que cada espécie foi criada individualmente na sua forma atual e tem permanecido inalterada desde a sua criação. Este ponto de vista contrasta com a explicação da teoria evolutiva da diversificação das espécies através da seleção natural e da variação genética ao longo do tempo.

4. **Crítica e rejeição científica:**

De uma perspetiva científica, as teorias da Criação Especial têm sido criticadas por não terem provas empíricas e hipóteses testáveis. A investigação científica geralmente favorece explicações baseadas em processos naturais e apoiadas por evidências de domínios como a biologia, a geologia, a genética e a paleontologia.

A falta de poder preditivo e de enquadramento explicativo em contextos científicos levou à rejeição da Criação Especial como teoria científica entre as comunidades científicas dominantes.

5. **Movimento do Design Inteligente:**

No discurso contemporâneo, os proponentes do Design Inteligente (DI) defendem por vezes pontos de vista que se alinham com aspectos da Criação Especial, argumentando que certas caraterísticas dos organismos vivos são melhor explicadas por uma causa inteligente do que pela seleção natural ou pela mutação aleatória. No entanto, o DI enfrenta críticas semelhantes relativamente ao rigor científico e à distinção entre ciência e crença religiosa.

De um modo geral, as teorias da Criação Especial representam uma perspetiva religiosa ou filosófica sobre a origem da vida e a diversidade dos organismos vivos, enfatizando a criação divina em vez de explicações naturalistas. Embora estas teorias tenham um significado cultural e teológico para muitos, são distintas das teorias científicas que procuram explicar as origens da vida através de processos naturais observáveis e de provas empíricas.

3.2. Teoria da geração espontânea

A teoria da Geração Espontânea, também conhecida como abiogénese, foi um conceito histórico que sugeria que a vida poderia surgir espontaneamente a partir de matéria não viva sob certas condições. Esta teoria foi predominante no pensamento científico e filosófico inicial, mas acabou por ser refutada através de provas experimentais e substituída por teorias modernas da biogénese e da origem da vida. Aqui está uma visão geral da teoria da Geração Espontânea:

1. **Contexto histórico:**

A Geração Espontânea remonta à antiguidade, com os primeiros filósofos gregos e romanos a proporem que os organismos vivos, como as larvas que surgem na carne em decomposição ou os ratos que emergem dos cereais, podiam surgir espontaneamente a partir de matéria inanimada.

2. **Experiências científicas e refutação:**

No século XVII, experiências de cientistas como Francesco Redi e, mais tarde, Louis Pasteur ajudaram a desacreditar a

Geração Espontânea. Redi demonstrou que as larvas na carne só apareciam quando as moscas tinham acesso à carne para pôr ovos, e não a partir da própria carne. As experiências de Pasteur com frascos de pescoço de cisne mostraram de forma conclusiva que os microrganismos não surgiam espontaneamente em caldos estéreis, mas eram introduzidos a partir do ambiente.

3. **Teoria da Biogénese:**

A Biogénese, a teoria oposta à Geração Espontânea, afirma que a vida surge apenas a partir de vida pré-existente. Este princípio, apoiado por provas experimentais, tornou-se amplamente aceite na comunidade científica no final do século XIX.

4. **Visões modernas sobre a abiogénese:**

A abiogénese, em contextos científicos modernos, refere-se ao processo natural pelo qual a vida poderia ter surgido a partir de matéria não viva através de processos químicos e físicos na Terra primitiva. Embora os mecanismos exactos ainda estejam a ser investigados, as experiências demonstraram que moléculas orgânicas simples, como os aminoácidos e os nucleótidos, podem formar-se em condições semelhantes às da Terra primitiva.

5. **Investigação atual e hipóteses:**

A investigação atual sobre a origem da vida centra-se na compreensão da forma como moléculas orgânicas simples se poderiam ter reunido em estruturas mais complexas, tais como protocélulas capazes de auto-replicação e metabolismo. Hipóteses como o Mundo do ARN e vários cenários de química pré-biótica exploram a plausibilidade destes primeiros passos para o aparecimento da vida.

6. **Implicações para a Astrobiologia:**

O estudo da abiogénese é crucial para a astrobiologia, uma vez que os cientistas exploram o potencial de vida noutros locais do universo. Compreender como a vida se originou na Terra informa as teorias sobre as condições em que a vida pode surgir noutros planetas ou luas.

Em resumo, a teoria da Geração Espontânea, que propunha que a vida poderia surgir espontaneamente a partir de matéria não viva, foi desacreditada através de experiências científicas e substituída pela biogénese. A investigação moderna continua a investigar os processos que poderiam ter conduzido à origem da vida na Terra, fornecendo informações sobre a questão fundamental do aparecimento da vida e da sua potencial prevalência no Universo.

3.3. Teoria do estado estacionário

A teoria do estado estacionário foi um modelo cosmológico proposto em meados do século XX como alternativa à teoria do Big Bang. Aqui está uma visão geral da Teoria do Estado Estacionário:

1. **Conceito:**

A Teoria do Estado Estacionário postulava que o Universo sempre existiu e continuará a existir indefinidamente, sem um começo ou um fim. Sugere que o Universo mantém uma densidade média constante de matéria ao longo do tempo, com nova matéria sendo continuamente criada para preencher as lacunas deixadas pela expansão do espaço.

2. **Origem e desenvolvimento:**

A teoria do estado estacionário foi proposta na década de 1940 pelos astrónomos britânicos Hermann Bondi, Thomas Gold e Fred Hoyle como resposta à teoria do Big Bang, que sugere que o universo começou a partir de um único ponto de imensa densidade e tem vindo a expandir-se desde então.

Ao contrário da teoria do Big Bang, que implica uma idade finita para o universo e prevê a radiação cósmica de fundo como prova da explosão inicial, a teoria do estado estacionário argumentava contra um evento de origem singular e não previa essa radiação de fundo.

3. **Criação contínua de matéria:**

Um dos princípios centrais da Teoria do Estado Estacionário era o conceito de criação contínua de matéria. Para manter uma densidade constante à medida que o Universo se expandia, a hipótese era de que nova matéria era criada espontaneamente por todo o espaço. Esta ideia tinha como objetivo explicar a expansão observada do Universo sem invocar um início singular.

4. **Desafios e declínio:**

Ao longo do tempo, a teoria do estado estacionário enfrentou vários desafios:

Evidências observacionais: A descoberta da radiação cósmica de fundo em micro-ondas na década de 1960 forneceu um forte apoio à teoria do Big Bang, uma vez que esta radiação é considerada calor residual das fases iniciais da expansão do Universo.

Expansão do espaço: O conceito de criação contínua de matéria carecia de um mecanismo e de provas observacionais que sustentassem a sua validade, enquanto a teoria do Big Bang proporcionava um quadro mais abrangente para a compreensão da evolução do Universo.

Dados de Redshift: As observações de galáxias e os seus desvios para o vermelho indicaram um universo em expansão consistente com as previsões da teoria do Big Bang.

5. **Legado e visão moderna:**

A Teoria do Estado Estacionário acabou por cair em desuso entre a maioria dos cosmólogos devido à sua incapacidade de explicar as principais provas observacionais e o sucesso da teoria do Big Bang na explicação da origem, evolução e estrutura do Universo.

Atualmente, a teoria do Big Bang, apoiada por extensos dados observacionais da radiação cósmica de fundo em micro-ondas, desvios para o vermelho das galáxias e outras fontes, é o modelo predominante para a origem e evolução do Universo.

Em resumo, a Teoria do Estado Estacionário propunha um universo sem começo nem fim, mantendo uma densidade média constante de matéria através da criação contínua. No entanto, acabou por ser suplantada pela teoria do Big Bang, que fornece uma explicação mais robusta apoiada por provas observacionais da expansão do Universo e das condições iniciais.

3.4. Evolução bioquímica

A evolução bioquímica refere-se aos processos pelos quais moléculas orgânicas complexas, como as proteínas, os ácidos nucleicos, os lípidos e os hidratos de carbono, evoluíram e se diversificaram ao longo do tempo. É um aspeto crítico do campo mais vasto da evolução química, que procura compreender como os blocos de construção da vida surgiram e evoluíram a partir de compostos químicos mais simples na Terra primitiva. Aqui está uma visão geral da evolução bioquímica:

1. **Origem das moléculas orgânicas:**

A evolução bioquímica começa com a formação de moléculas orgânicas a partir de precursores inorgânicos na Terra primitiva. Isto ocorreu provavelmente através de uma combinação de processos abióticos (não vivos), tais como relâmpagos, atividade vulcânica e radiação ultravioleta, que catalisaram reacções químicas para produzir compostos orgânicos simples como aminoácidos, nucleótidos e açúcares.

2. **Montagem de macromoléculas:**

O passo seguinte na evolução bioquímica envolve a montagem destas moléculas orgânicas simples em estruturas maiores e mais complexas, conhecidas como macromoléculas. Por exemplo:

Proteínas: Os aminoácidos polimerizam-se para formar proteínas, que são essenciais para a estrutura, função e regulação celular.

Ácidos nucleicos: Os nucleótidos combinam-se para formar ácidos nucleicos como o ADN e o ARN, que armazenam informação genética e permitem a hereditariedade e a síntese de proteínas.

Lípidos: Os ácidos gordos e o glicerol são reunidos em lípidos, que formam as membranas celulares e participam no armazenamento de energia e na sinalização.

Hidratos de carbono: Os açúcares simples polimerizam-se em hidratos de carbono complexos, que servem como fontes de energia e componentes estruturais das células.

3. **Evolução dos processos celulares:**

À medida que as macromoléculas evoluíram e se diversificaram, surgiram vias bioquímicas e processos celulares. Estes incluem vias metabólicas para a produção de energia, reacções enzimáticas para catalisar transformações bioquímicas e mecanismos reguladores para controlar as actividades celulares.

4. **Papel na biologia evolutiva:**

A evolução bioquímica está intimamente ligada à biologia evolutiva, uma vez que as alterações nos processos bioquímicos e nas moléculas conduzem a adaptações evolutivas e à diversidade entre organismos.

As mutações, a seleção natural, a deriva genética e outros mecanismos evolutivos actuam sobre as caraterísticas bioquímicas, influenciando a sobrevivência, a reprodução e a adaptação de um organismo a ambientes em mudança.

5. **Investigação e implicações:**

A investigação em evolução bioquímica continua a explorar as origens dos blocos de construção molecular da vida, as vias pelas quais surgiram e se diversificaram e as suas implicações para a compreensão da evolução da vida na Terra e, potencialmente, noutros locais do universo.

Os estudos em astrobiologia e biologia sintética têm como objetivo reproduzir e manipular os processos de evolução bioquímica para descobrir os princípios fundamentais da origem da vida e potenciais cenários para a vida fora da Terra.

Em resumo, a evolução bioquímica engloba o aparecimento, a diversificação e a integração funcional de moléculas orgânicas complexas que constituem a base dos processos bioquímicos da vida. Fornece um quadro fundamental para a compreensão das origens e do desenvolvimento evolutivo da vida na Terra.

3.5. A atmosfera antiga

A composição da antiga atmosfera da Terra evoluiu significativamente ao longo de milhares de milhões de anos, moldando os processos geológicos e biológicos do planeta. Aqui está uma visão geral da atmosfera antiga em diferentes fases da história da Terra:

1. **Atmosfera primitiva (Éons Hadeano e Arqueano, 4,6 a 2,5 mil milhões de anos atrás):**

Atmosfera Primordial: Durante o Éon Hadeano (há 4,6 a 4 mil milhões de anos), a atmosfera da Terra era provavelmente constituída por gases emitidos pela atividade vulcânica e pelos impactos de cometas e asteróides. Pensa-se que esta atmosfera primitiva era rica em hidrogénio (H2), hélio (He), metano (CH4), amoníaco (NH3) e vapor de água (H2O).

Falta de oxigénio livre: O oxigénio (O2) era escasso na atmosfera primitiva devido à ausência de organismos fotossintéticos capazes de gerar oxigénio como subproduto. Sem oxigénio, a atmosfera era redutora, ou seja, continha gases que aceitavam facilmente os electrões.

2. **Éon Arqueano (4 a 2,5 mil milhões de anos atrás):**

Surgimento das Cianobactérias: Há cerca de 3,5 mil milhões de anos, as cianobactérias (também conhecidas como algas azuis-verdes) evoluíram e começaram a realizar a fotossíntese. Este processo envolve a conversão da energia solar em energia química, produzindo oxigénio como subproduto.

Aumento dos níveis de oxigénio: Ao longo do tempo, com a proliferação de cianobactérias e, mais tarde, de organismos fotossintéticos, os níveis de oxigénio na atmosfera começaram a aumentar. Este facto marcou a transição de uma atmosfera redutora para uma atmosfera oxidante.

3. **Éon Proterozoico (2,5 mil milhões a 541 milhões de anos atrás):**

Grande Evento de Oxigenação (GOE): Entre 2,4 e 2 mil milhões de anos atrás, ocorreu o Grande Evento de Oxigenação, aumentando significativamente os níveis de oxigénio atmosférico. Este evento transformou a atmosfera da Terra num ambiente rico em oxigénio, criando condições adequadas para organismos aeróbicos (que necessitam de oxigénio).

Formação da camada de ozono: O aumento do oxigénio atmosférico permitiu a formação de uma camada de ozono (O3) na estratosfera. A camada de ozono protegeu a superfície da Terra da radiação ultravioleta (UV) prejudicial, facilitando a colonização da terra pelos primeiros organismos multicelulares.

4. **Éon Fanerozoico (541 milhões de anos atrás até ao presente):**

Atmosfera moderna: Desde o Período Cambriano (há 541 milhões de anos), a atmosfera da Terra manteve-se rica em oxigénio, com níveis semelhantes aos observados atualmente (~21% de oxigénio). A composição atmosférica estabilizou com o azoto (N_2) a dominar (~78%), juntamente com gases vestigiais como o árgon (Ar), o dióxido de carbono (CO_2) e outros.

5. **Impacto da evolução atmosférica:**

Regulação do clima: As alterações na composição atmosférica têm influenciado o clima da Terra ao longo de escalas de tempo geológicas. Por exemplo, as variações nos gases com efeito de estufa, como o CO_2, conduziram a períodos de aquecimento (climas com efeito de estufa) e de arrefecimento (climas glaciares).

Evolução biológica: A evolução da atmosfera terrestre, particularmente o aumento dos níveis de oxigénio durante as eras Proterozóica e Fanerozóica, permitiu a diversificação dos organismos aeróbicos e desempenhou um papel crucial na definição da trajetória da evolução biológica.

Compreender a evolução da antiga atmosfera da Terra permite compreender a interação entre os processos geológicos, a evolução biológica e a dinâmica climática ao longo de milhares de milhões de anos. Destaca a forma como as alterações atmosféricas moldaram as condições necessárias para o aparecimento e desenvolvimento da vida no nosso planeta.

Experiência Stanely Miller

A Experiência Stanley Miller, realizada em 1953, foi uma experiência científica pioneira que simulou as condições que se acredita terem existido na Terra primitiva. Aqui está uma visão geral da experiência e do seu significado:

1. **Objetivo:**

O principal objetivo da Experiência Stanley Miller, dirigida pelo estudante Stanley Miller sob a orientação de Harold Urey na Universidade de Chicago, era investigar a origem da vida reproduzindo as condições que se pensa terem estado presentes na Terra primitiva.

2. **Instalação experimental:**

A configuração de Miller envolveu um sistema fechado que imitava a atmosfera da Terra primitiva. Criou uma mistura de gases que se acredita estarem presentes nessa altura, incluindo metano (CH4), amoníaco (NH3), hidrogénio (H2) e vapor de água (H2O). Estes gases circularam através de uma série de tubos e frascos de vidro.

A atmosfera foi sujeita a faíscas eléctricas, destinadas a simular relâmpagos, que forneceram energia para desencadear reacções químicas.

3. **Resultados:**

Depois de realizar a experiência durante vários dias, Miller observou que os gases em circulação tinham sofrido reacções químicas. Após análise, verificou que a mistura de reação continha vários compostos orgânicos, incluindo aminoácidos - os blocos de construção das proteínas.

Este facto foi significativo porque os aminoácidos são moléculas essenciais para a vida tal como a conhecemos, constituindo a base das proteínas e de outras estruturas biológicas.

4. **Impacto e legado:**

A experiência de Stanley Miller forneceu provas experimentais de que moléculas orgânicas simples, como os aminoácidos, se podiam formar espontaneamente em condições semelhantes às da Terra primitiva.

Os resultados da experiência apoiaram a hipótese da abiogénese - a origem naturalista da vida a partir de matéria não viva - e forneceram um mecanismo plausível para a síntese das moléculas orgânicas necessárias para o aparecimento da vida.

A experiência de Miller deu origem a mais investigação sobre a química pré-biótica e as condições em que a vida pode ter tido origem na Terra e, potencialmente, noutros locais do Universo.

5. **Críticas e desenvolvimentos posteriores:**

Embora a Experiência Stanley Miller tenha demonstrado a plausibilidade da abiogénese em determinadas condições, também levantou questões sobre a composição atmosférica específica da Terra primitiva e os mecanismos exactos através dos quais os blocos de construção da vida se poderiam ter reunido em estruturas mais complexas.

A investigação subsequente explorou hipóteses alternativas e refinou a nossa compreensão da química pré-biótica que poderia ter ocorrido na Terra primitiva, incluindo experiências em fontes hidrotermais, ambientes gelados e outros análogos planetários.

Em resumo, a Experiência Stanley Miller foi um estudo inovador que forneceu apoio experimental à ideia de que os blocos básicos de construção da vida poderiam surgir naturalmente a partir de moléculas simples em condições semelhantes às da Terra primitiva. Continua a ser uma contribuição seminal para o campo da investigação sobre a origem da vida e continua a informar a investigação científica sobre as origens da vida na Terra e mais além.

A natureza do organismo mais antigo

A natureza dos organismos mais antigos da Terra é um tema de intenso interesse científico e de investigação contínua. Embora as provas diretas destes organismos antigos sejam escassas devido às escalas temporais geológicas envolvidas, os cientistas desenvolveram hipóteses baseadas na biologia molecular, registos fósseis, análises geoquímicas e genómica comparativa. Seguem-se alguns aspectos-chave e conhecimentos actuais sobre a natureza dos organismos mais antigos:

1. **Natureza procariótica:**

Pensa-se que os primeiros organismos foram os procariontes, organismos unicelulares simples sem núcleo e sem organelos ligados a membranas. Os procariontes são atualmente representados pelas bactérias e pelas arqueas.

Os procariotas são antigos, remontando a milhares de milhões de anos, e a sua simplicidade bioquímica sugere que se encontram entre as primeiras formas de vida a evoluir na Terra.

2. **Metabolismo anaeróbico:**

A Terra primitiva não dispunha de oxigénio livre na sua atmosfera, pelo que os primeiros organismos dependiam provavelmente do metabolismo anaeróbico (que não necessita de oxigénio) para obter energia a partir de compostos orgânicos.

Os procariotas anaeróbios, como as metanogénicas e as bactérias redutoras de sulfato, são considerados candidatos a algumas das formas de vida mais antigas devido à sua capacidade de se desenvolverem em ambientes sem oxigénio.

3. **Possivelmente extremófilo:**

A Terra primitiva era caracterizada por condições ambientais extremas, incluindo temperaturas elevadas, atividade vulcânica e radiação UV intensa. Por conseguinte, os primeiros organismos podem ter sido extremófilos - organismos adaptados para se desenvolverem em ambientes extremos.

Atualmente, os extremófilos incluem os termófilos (que gostam de calor), os acidófilos (que gostam de ácido), os halófilos (que gostam de sal) e outros, que constituem análogos modernos para compreender os habitats potenciais da vida primitiva.

4. **Hipótese do mundo do ARN:**

A hipótese do Mundo do ARN sugere que as moléculas de ARN

(ácido ribonucleico) precederam o ADN como material genético primário e desempenharam um papel central nos processos vitais primitivos.

O ARN é capaz de armazenar informação genética e de catalisar reacções químicas (ribozimas), o que o torna um candidato plausível para uma molécula auto-replicante anterior ao aparecimento do ADN e das proteínas.

5. **Estromatólitos e provas fósseis:**

Os estromatólitos são estruturas sedimentares estratificadas formadas pelo crescimento de tapetes microbianos, predominantemente cianobactérias, e outras comunidades microbianas.

Os estromatólitos fossilizados fornecem algumas das mais antigas provas diretas de vida na Terra, datando de há mais de 3,5 mil milhões de anos. Estas estruturas sugerem que a vida microbiana estava a prosperar e a construir comunidades complexas no início da história da Terra.

6. **Relógios moleculares e genómica:**

A genómica comparativa e as análises do relógio molecular ajudam os cientistas a inferir relações evolutivas e a estimar os tempos de divergência entre diferentes grupos de organismos.

Ao estudar os genomas dos organismos modernos, os investigadores podem reconstruir histórias evolutivas e inferir as caraterísticas dos seus antepassados comuns, incluindo os organismos mais antigos.

7. **Investigação contínua:**

A investigação em curso continua a explorar os ambientes da Terra primitiva, as condições químicas conducentes à origem da vida e os processos evolutivos que moldaram os primeiros organismos.

Os avanços na geoquímica, paleobiologia, microbiologia e astrobiologia contribuem para a evolução da nossa compreensão da natureza e das origens da vida na Terra.

Em resumo, embora muitos pormenores sobre a natureza dos organismos mais antigos continuem a ser especulativos, as investigações científicas fornecem provas e hipóteses convincentes relativamente à sua natureza procariótica, ao metabolismo anaeróbico, a potenciais adaptações extremófilas e ao papel central do ARN nos processos iniciais da vida. A compreensão destes organismos primitivos é crucial para desvendar as origens e a evolução inicial da vida na Terra.

4. Evidências da Teoria da Evolução

A teoria da evolução, formulada por Charles Darwin no século XIX, é apoiada por uma grande quantidade de provas provenientes de várias disciplinas científicas. Eis algumas das principais linhas de evidência que sustentam a teoria da evolução:

1. **Registo Fóssil:**

Fósseis de transição: Os fósseis de formas de transição, como o Archaeopteryx (que apresenta caraterísticas tanto de répteis como de aves) e o Tiktaalik (uma criatura semelhante a um peixe com caraterísticas de transição entre peixes e tetrápodes), fornecem provas diretas de organismos que preencheram lacunas entre diferentes grupos.

Sucessão de Formas: Os fósseis em camadas de rochas sedimentares revelam uma sequência cronológica de formas de vida cada vez mais complexas ao longo do tempo geológico, mostrando a evolução de espécies e a extinção de outras.

2. **Biogeografia:**

A distribuição de plantas e animais em diferentes continentes e ilhas apoia a teoria da evolução. As semelhanças entre espécies encontradas em regiões geograficamente próximas mas ecologicamente distintas (por exemplo, os marsupiais na Austrália e na América do Sul) reflectem uma ascendência comum e a adaptação aos ambientes locais.

3. **Anatomia Comparada:**

Estruturas homólogas: A anatomia comparada revela semelhanças nas estruturas de diferentes espécies que sugerem uma origem evolutiva comum. Por exemplo, a estrutura do membro pentadáctilo (padrão de cinco dígitos) é encontrada em vários vertebrados, indicando descendência de um ancestral comum.

Estruturas Vestigiais: As estruturas vestigiais são restos anatómicos com função reduzida ou nula numa espécie, mas funcionais em espécies aparentadas. Exemplos incluem o apêndice humano e o cóccix, que são vestígios de estruturas ancestrais que tinham funções importantes em ancestrais evolutivos.

4. **Biologia molecular:**

Provas de ADN: A análise comparativa de sequências de ADN e de proteínas entre diferentes espécies fornece provas moleculares de relações evolutivas. As semelhanças nos códigos genéticos e nas vias moleculares indicam uma ancestralidade partilhada e divergência evolutiva ao longo do tempo.

Mutações genéticas: As mutações genéticas, observadas nas populações ao longo das gerações, contribuem para a diversidade genética e fornecem matéria-prima para a ação da seleção natural, impulsionando a mudança evolutiva.

5. **Evidências observacionais:**

Seleção artificial: Exemplos de seleção artificial (reprodução selectiva) em plantas e animais domesticados demonstram como as caraterísticas podem ser intencionalmente modificadas ao longo das gerações, assemelhando-se à seleção natural mas sob influência humana.

Seleção Natural em Ação: As observações de populações naturais, como a traça-das-pastagens durante a Revolução Industrial (em que as alterações na coloração da traça reflectiam alterações nas condições ambientais), fornecem provas de que a seleção natural funciona na natureza.

6. **Biologia do desenvolvimento:**

O desenvolvimento embriológico mostra semelhanças entre os embriões de vertebrados nas fases iniciais, reflectindo uma ascendência partilhada e relações evolutivas antes de divergirem em formas distintas.

7. **Linhas de evidência convergentes:**

A teoria da evolução é apoiada pela convergência de evidências da paleontologia, biogeografia, anatomia comparada, biologia molecular, biologia do desenvolvimento e estudos observacionais. Estas diversas disciplinas fornecem perspectivas complementares sobre os processos e padrões da evolução.

Em resumo, a teoria da evolução é sustentada por um quadro robusto de provas provenientes de múltiplos domínios científicos. Estas provas apoiam coletivamente o entendimento de que as espécies mudam ao longo do tempo através da seleção natural, da deriva genética, da mutação e de outros mecanismos, conduzindo à diversidade de formas de vida observadas na Terra atualmente.

4.1. Paleontologia

A paleontologia, os fósseis, a escala do tempo geológico e os métodos de datação são componentes integrais da compreensão da história da vida na Terra e da evolução das espécies. Aqui está uma visão geral de cada um deles e de como contribuem para o nosso conhecimento dos processos evolutivos:

1. **Paleontologia:**

Definição: A paleontologia é o estudo científico da vida pré-histórica através da análise de fósseis e outros vestígios.

Papel no estudo da evolução: A paleontologia fornece provas diretas de formas de vida passadas e das suas mudanças evolutivas ao longo do tempo. Os fósseis são restos ou vestígios preservados de organismos do passado geológico, que permitem conhecer a sua morfologia, comportamento e interações ecológicas.

Métodos: Os paleontólogos escavam, analisam e interpretam os fósseis encontrados em rochas sedimentares, que se formam a partir da acumulação de sedimentos ao longo de milhões de anos. Utilizam técnicas como a preparação de fósseis, a taxonomia e a anatomia comparativa para reconstruir linhagens evolutivas e compreender ecossistemas antigos.

2. **Fósseis:**

Tipos de Fósseis: Os fósseis podem incluir ossos, dentes, conchas, marcas, pegadas e até tecidos moles preservados. Eles fornecem evidências críticas de vida passada e transições evolutivas.

Fósseis de transição: Os fósseis de transição, como o Archaeopteryx (com caraterísticas intermédias entre répteis e aves) e o Tiktaalik (com caraterísticas entre peixes e tetrápodes), ilustram transições evolutivas entre grandes grupos de organismos.

3. **Escala de tempo geológico:**

Definição: A escala do tempo geológico divide a história da Terra em intervalos distintos, com base nos principais acontecimentos geológicos e biológicos.

Unidades: Está dividido em éons, eras, períodos, épocas e idades, cada um caracterizado por marcadores geológicos e biológicos específicos. Por exemplo, o éon Fanerozoico divide-se nas eras Paleozóica, Mesozóica e Cenozóica, cada uma delas marcada por mudanças evolutivas e ambientais significativas.

Papel na datação: A escala de tempo geológico fornece um quadro cronológico para correlacionar camadas de rocha (estratos) a nível global e compreender a sequência de acontecimentos na história da Terra, incluindo o aparecimento e a extinção de espécies.

4. **Métodos de datação:**

Datação relativa: Este método determina a idade relativa dos fósseis e das camadas de rocha comparando as suas posições nas sequências sedimentares. São utilizados princípios como a sobreposição (as rochas mais antigas encontram-se por baixo das mais jovens) e as relações de corte transversal (as caraterísticas que atravessam as camadas são mais jovens).

Datação Absoluta: As técnicas de datação absoluta fornecem idades numéricas para fósseis e rochas com base no decaimento radioativo de isótopos. Os métodos comuns incluem a datação radiométrica (por exemplo, datação por carbono-14 para fósseis recentes, datação por urânio-chumbo para rochas mais antigas), termoluminescência e ressonância de spin de electrões.

Aplicação: Estes métodos de datação ajudam a estabelecer as idades dos fósseis e das formações geológicas, a refinar a escala do tempo geológico e a fornecer um contexto temporal para as mudanças evolutivas observadas no registo fóssil.

5. **Integração e compreensão:**

Ao integrar dados paleontológicos, fósseis, a escala do tempo geológico e métodos de datação, os cientistas reconstroem histórias evolutivas, traçam as origens e a diversificação das espécies e investigam os factores ambientais que influenciam os processos evolutivos ao longo de milhões de anos.

Esta abordagem interdisciplinar melhora a nossa compreensão da evolução biológica, da história geológica da Terra e da interconexão das formas de vida e dos ambientes ao longo do tempo.

Em resumo, a paleontologia, os fósseis, a escala do tempo geológico e os métodos de datação são ferramentas essenciais no estudo da evolução. Fornecem provas tangíveis de vida passada, ajudam a construir linhas cronológicas da história da Terra e contribuem para a nossa compreensão de como os organismos evoluíram e se adaptaram a ambientes em mudança ao longo de escalas de tempo geológicas.

4.2. Distribuição geográfica (evidências biogeográficas)

A biogeografia, o estudo da distribuição das espécies e dos ecossistemas no espaço geográfico e ao longo do tempo geológico, fornece provas irrefutáveis da evolução. Eis como a distribuição geográfica contribui para a nossa compreensão dos processos evolutivos:

1. **Padrões de distribuição:**

Endemismo: A biogeografia revela regiões com espécies únicas que não se encontram em nenhum outro lugar, conhecidas como espécies endémicas. Por exemplo, os marsupiais da Austrália e da Nova Guiné são exclusivos destas regiões, reflectindo o seu longo isolamento dos outros continentes.

Distribuições Disjuntas: As espécies encontradas em habitats geograficamente separados mas ecologicamente semelhantes sugerem ligações passadas ou eventos de dispersão. Exemplos incluem espécies semelhantes de plantas encontradas na Austrália e na América do Sul, indicando ligações históricas de terra ou mecanismos de dispersão.

2. **Biogeografia das ilhas:**

Espécies insulares: As ilhas constituem laboratórios naturais para o estudo dos processos evolutivos, devido ao seu isolamento e diversidade limitada de espécies. Abrigam frequentemente espécies endémicas que se adaptaram a ambientes insulares únicos através de processos como a radiação adaptativa (rápida diversificação para novos nichos ecológicos).

Exemplos: As Ilhas Galápagos ilustram de forma famosa a radiação adaptativa, onde os tentilhões de Darwin se diversificaram em diferentes espécies com formas de bico especializadas para se alimentarem de várias fontes de alimento.

3. **Biogeografia histórica:**

Deriva Continental: Os padrões biogeográficos são influenciados pela deriva continental e pela tectónica de placas, que remodelaram as massas de terra da Terra ao longo de milhões de anos. Por exemplo, a desagregação da Pangeia levou ao isolamento e subsequente divergência de espécies em diferentes continentes.

Gondwana e Laurásia: A distribuição de certos grupos de

plantas e animais reflecte as suas ligações históricas quando os supercontinentes Gondwana (massas de terra do sul) e Laurásia (massas de terra do norte) existiam antes de se separarem.

4. **Reinos biogeográficos:**

Os biogeógrafos classificam a Terra em reinos biogeográficos - grandes regiões caracterizadas por conjuntos distintos de espécies e ecossistemas. Estes reinos reflectem padrões evolutivos históricos e barreiras à dispersão das espécies.

Os exemplos incluem o reino Neárctico (América do Norte), o reino Neotropical (América Central e do Sul) e o reino Paleártico (Europa, Ásia, Norte de África), cada um com conjuntos únicos de plantas e animais adaptados às condições ambientais locais.

5. **Dispersão mediada pelo homem:**

As actividades humanas, como a colonização e o comércio, alteraram significativamente os padrões biogeográficos, introduzindo espécies em novas regiões onde podem tornar-se invasoras ou estabelecer novas populações.

O estudo destas introduções permite compreender os mecanismos de dispersão das espécies e de adaptação a novos ambientes em escalas temporais mais curtas.

6. **Implicações para a conservação:**

A compreensão dos padrões biogeográficos ajuda os conservacionistas a dar prioridade às regiões para os esforços de conservação com base nos hotspots de biodiversidade, na riqueza de espécies endémicas e nas comunidades ecológicas únicas.

As estratégias de conservação têm em conta os processos evolutivos históricos e as ameaças actuais à biodiversidade, com o objetivo de preservar os ecossistemas e as espécies com elevado valor de conservação.

Em suma, os dados biogeográficos apoiam a teoria evolutiva, revelando padrões de distribuição das espécies moldados por acontecimentos históricos, factores ambientais e interações biológicas. Ao estudar estes padrões, os biogeógrafos e os biólogos evolutivos adquirem conhecimentos sobre os processos de especiação, adaptação e extinção que moldaram a diversidade da vida na Terra ao longo de milhões de anos.

4.3. Classificação

A classificação, no contexto da biologia, é a organização sistemática dos organismos em categorias hierárquicas baseadas em caraterísticas partilhadas e relações evolutivas. Este sistema hierárquico fornece um quadro para organizar e compreender a diversidade da vida na Terra. Aqui está uma visão geral da classificação biológica e da sua importância na biologia evolutiva:

- ✓ **Taxonomia:**

Definição: A taxonomia é o ramo da biologia que se ocupa da designação e classificação dos organismos. Engloba os princípios e métodos utilizados para identificar, descrever e classificar as espécies em grupos.

Níveis taxonómicos: Os organismos são classificados numa hierarquia de níveis taxonómicos, do mais amplo ao mais específico:

- ✓ **Domínio**
- ✓ **Reino Unido**
- ✓ **Filo**
- ✓ **Classe**
- ✓ **Encomendar**
- ✓ **Família**
- ✓ **Género**
- ✓ **Espécies**

Nomenclatura binomial: A cada espécie é atribuído um nome científico único de duas partes (binómio), constituído pelo género e pelo epíteto da espécie (por exemplo, Homo sapiens para os seres humanos).

- ✓ **Importância na Biologia Evolutiva:**

Reflecte as relações evolutivas: A classificação taxonómica reflecte as relações evolutivas entre organismos. As espécies do mesmo género partilham um ancestral comum mais recente do que as espécies de géneros diferentes da mesma família, e assim por diante.

História evolutiva: A classificação ajuda a traçar a história evolutiva (filogenia) dos organismos. As árvores filogenéticas representam os padrões de ramificação das relações evolutivas com base em caraterísticas derivadas partilhadas.

Estudos comparativos: Ao agrupar os organismos com base em semelhanças e diferenças na anatomia, morfologia, comportamento, genética e ecologia, a classificação facilita os estudos comparativos para compreender os padrões e processos evolutivos.

✓ **Métodos taxonómicos modernos:**

Técnicas moleculares: Os avanços na biologia molecular, como a sequenciação de ADN e a filogenética, revolucionaram a taxonomia, fornecendo dados moleculares que complementam as caraterísticas morfológicas e ecológicas.

Cladística: A cladística é um método de classificação que agrupa organismos com base em caraterísticas derivadas partilhadas (sinapomorfias) herdadas de um antepassado comum. Os cladogramas representam as relações evolutivas como ramos aninhados de caraterísticas partilhadas.

✓ **Desafios e controvérsias:**

Espécies crípticas: Algumas espécies parecem semelhantes morfologicamente mas são geneticamente distintas, o que leva a debates sobre a sua classificação.

Revisão taxonómica: Os taxonomistas revêem continuamente as classificações com base em novas provas, o que leva a desacordos e revisões ocasionais da taxonomia.

Taxonomia microbiana: A classificação dos microrganismos, incluindo bactérias e archaea, coloca desafios devido às suas diversas caraterísticas genéticas e ecológicas.

✓ **Aplicações práticas:**

Biologia da Conservação: A taxonomia informa os esforços de conservação, identificando e dando prioridade às espécies para proteção com base na sua singularidade evolutiva e papéis ecológicos.

Bioprospecção: A compreensão da biodiversidade através da taxonomia ajuda a descobrir novas espécies com potenciais aplicações medicinais, agrícolas ou industriais.

Educação e comunicação: A classificação taxonómica proporciona uma linguagem normalizada para a comunicação sobre os organismos entre as disciplinas científicas e o público em geral.

Em resumo, a classificação biológica é essencial para organizar a diversidade da vida em grupos coerentes que reflectem relações evolutivas. Constitui uma ferramenta fundamental na biologia evolutiva, permitindo aos investigadores estudar e compreender os padrões e processos de evolução, biodiversidade e interações ecológicas em diferentes escalas de organização biológica.

4.4. Reprodução de plantas e animais

O melhoramento vegetal e animal são práticas destinadas a melhorar as caraterísticas desejáveis das plantas e dos animais, respetivamente, através do melhoramento seletivo e da manipulação genética. Estas práticas têm implicações profundas na agricultura, na segurança alimentar e no bem-estar humano. Aqui está uma visão geral do melhoramento genético de plantas e animais, incluindo os métodos e as suas implicações evolutivas:

Melhoramento de plantas:

1. **Objetivo:**

O objetivo do melhoramento vegetal é desenvolver cultivares (variedades cultivadas) com caraterísticas melhoradas, tais como rendimento, resistência a doenças, teor de nutrientes e adaptação a condições ambientais específicas.

2. **Métodos:**

Reprodução selectiva: Método tradicional que envolve o acasalamento deliberado de plantas com caraterísticas desejáveis ao longo de várias gerações. Baseia-se na variação natural e na polinização controlada para acumular as caraterísticas desejadas.

Hibridação: Cruzamento de duas plantas geneticamente distintas para produzir descendentes (híbridos) com caraterísticas superiores. O vigor híbrido (heterose) resulta frequentemente num aumento do rendimento e da uniformidade.

Mutagénese: Indução de mutações genéticas utilizando radiação ou produtos químicos para criar variabilidade para selecionar caraterísticas desejáveis. Os mutantes com caraterísticas benéficas são selecionados para posterior reprodução.

Engenharia genética: Manipulação dos genomas das plantas através da inserção ou modificação de genes específicos para conferir as caraterísticas desejadas, como a resistência aos herbicidas ou o aumento do teor nutricional. Os exemplos incluem as culturas geneticamente modificadas (GM).

3. **Implicações evolutivas:**

O melhoramento de plantas acelera a mudança evolutiva ao selecionar e propagar artificialmente variantes genéticas desejáveis em populações cultivadas.

Influencia a diversidade genética das plantas cultivadas e dos seus parentes selvagens, afectando potencialmente as suas trajectórias evolutivas e interações ecológicas.

Criação de animais:

1. **Objetivo:**

A criação de animais centra-se no melhoramento do gado e dos animais de companhia para caraterísticas como o rendimento da carne, a produção de leite, a resistência às doenças, o temperamento e as qualidades estéticas.

2. **Métodos:**

Reprodução selectiva: Acasalamento controlado de animais com caraterísticas desejáveis para amplificar as caraterísticas genéticas desejadas ao longo das gerações.

Inseminação artificial: Recolha e depósito de esperma de machos selecionados em fêmeas para melhorar a qualidade genética e a eficiência reprodutiva.

Transferência de embriões: Transferência de embriões de dadores geneticamente superiores para mães de aluguer para propagar caraterísticas genéticas valiosas.

Seleção genómica: Utilização de informação genómica para prever valores de reprodução e selecionar animais com perfis genéticos óptimos para reprodução.

3. **Implicações evolutivas:**

A reprodução animal molda a composição genética das espécies domesticadas, conduzindo a alterações rápidas das caraterísticas em comparação com a seleção natural nas populações selvagens.

Influencia a diversidade genética e a saúde dos animais domesticados, podendo ter um impacto na sua adaptabilidade às alterações ambientais e na suscetibilidade a doenças.

Considerações e desafios éticos:

1. **Questões éticas:**

Preocupações com o bem-estar dos animais, a perda de diversidade genética e os impactos ambientais não intencionais das práticas de reprodução intensiva.

Debate sobre a utilização da engenharia genética em plantas e animais, incluindo os potenciais riscos ecológicos e a aceitação pelos consumidores.

2. **Desafios:**

Equilíbrio entre o melhoramento genético e a manutenção da diversidade genética e da resiliência das populações agrícolas e pecuárias.

Abordagem dos desafios regulamentares, sociais e éticos associados às tecnologias emergentes no domínio da reprodução, como a edição de genes e os organismos geneticamente modificados.

Em conclusão, o melhoramento genético de plantas e animais é uma prática essencial na agricultura e na pecuária, que permite melhorar a produtividade, a sustentabilidade e a segurança alimentar. No entanto, também colocam dilemas éticos e exigem uma gestão cuidadosa para equilibrar o melhoramento genético com considerações ambientais e sociais. Estas práticas influenciam os processos evolutivos das espécies domesticadas, moldando a sua diversidade genética e o seu potencial adaptativo em ambientes geridos pelo homem.

4.5. Anatomia e morfologia comparadas

A anatomia e a morfologia comparadas são disciplinas fundamentais da biologia que envolvem o estudo das semelhanças e diferenças na estrutura e na forma dos organismos de diferentes espécies. Estes domínios fornecem informações essenciais sobre as relações evolutivas, as adaptações aos ambientes e a biologia funcional dos organismos. Eis um resumo da anatomia e morfologia comparadas:

Anatomia Comparada:

1. **Definição:**

A anatomia comparada é o estudo das estruturas anatómicas de diferentes organismos para compreender as suas relações evolutivas, padrões de desenvolvimento e adaptações funcionais.

2. **Objectivos:**

Estruturas homólogas: A anatomia comparada identifica estruturas homólogas - semelhanças na estrutura e posição que sugerem uma ascendência comum apesar de funções diferentes. Por exemplo, a estrutura dos membros pentadáctilos (padrão de cinco dígitos) em vertebrados sugere descendência de um ancestral comum.

Estruturas análogas: As estruturas análogas são semelhantes em função, mas não em estrutura ou origem evolutiva. Resultam de evolução convergente, em que diferentes linhagens desenvolvem independentemente caraterísticas semelhantes devido a pressões ambientais semelhantes (por exemplo, asas de aves e morcegos).

3. **Métodos:**

Dissecação: O exame pormenorizado das caraterísticas anatómicas através da dissecação permite compreender os sistemas de órgãos, os processos fisiológicos e as adaptações a estilos de vida ou nichos ecológicos específicos.

Estudos comparativos: A comparação de estruturas anatómicas entre espécies ajuda a reconstruir histórias evolutivas e relações filogenéticas utilizando dados morfológicos.

4. **Aplicações:**

A anatomia comparada informa a biologia evolutiva através da identificação de padrões anatómicos que reflectem uma ascendência comum e alterações evolutivas ao longo do tempo.

Apoia as ciências médicas, fornecendo conhecimentos sobre a anatomia humana através de estudos comparativos com outros vertebrados, ajudando a compreender a biologia do desenvolvimento e os mecanismos das doenças.

Morfologia comparativa:

1. **Definição:**

A morfologia comparativa centra-se no estudo das formas, formatos e tamanhos externos e internos dos organismos e dos seus órgãos em diferentes espécies.

2. **Objectivos:**

Variação morfológica: A análise das variações na morfologia ajuda a compreender as adaptações a diferentes ambientes, papéis ecológicos e pressões evolutivas.

Diversidade estrutural: A exploração da diversidade de adaptações estruturais (por exemplo, formas do bico nas aves, morfologia dos dentes nos mamíferos) fornece informações sobre adaptações funcionais e relações evolutivas.

3. **Métodos:**

Microscopia: Utilização de várias técnicas de microscopia para examinar a morfologia a nível celular e tecidular, incluindo a histologia (estudo dos tecidos) e a ultra-estrutura (estudo dos componentes celulares).

Análise comparativa: As comparações quantitativas e qualitativas de caraterísticas morfológicas entre espécies revelam padrões de mudança evolutiva, convergência e divergência.

4. **Aplicações:**

A morfologia comparada contribui para a taxonomia e a sistemática através da identificação de caraterísticas morfológicas de diagnóstico utilizadas para classificar e categorizar as espécies.

Informa os estudos evolutivos ao revelar padrões de adaptação morfológica, constrangimentos evolutivos e vias de desenvolvimento que moldam a forma e a função do organismo.

Importância evolutiva:

1. **Padrões evolutivos:**

A anatomia e a morfologia comparadas fornecem provas de padrões evolutivos, como a radiação adaptativa (diversificação de espécies em diferentes nichos ecológicos) e a evolução convergente (evolução independente de caraterísticas semelhantes).

2. **Percepções funcionais:**

A compreensão das adaptações morfológicas ajuda a elucidar a forma como os organismos interagem com os seus ambientes, adquirem recursos e respondem a pressões selectivas ao longo do tempo evolutivo.

3. **Aplicações interdisciplinares:**

A integração da anatomia e da morfologia comparativas com a genética, a ecologia e a paleontologia melhora a nossa compreensão dos processos evolutivos, da biodiversidade e dos papéis ecológicos dos organismos.

Em suma, a anatomia e a morfologia comparativas são ferramentas indispensáveis na investigação biológica, iluminando a diversidade das formas de vida e as suas histórias evolutivas. Estas disciplinas proporcionam uma visão holística da estrutura, função e adaptação dos organismos, colmatando a lacuna entre forma e função em diferentes espécies e contribuindo para a nossa compreensão da biologia evolutiva.

4.6. Radiação adaptativa

A radiação adaptativa é um fenómeno da biologia evolutiva em que uma única espécie ancestral se diversifica rapidamente numa grande variedade de espécies descendentes. Esta diversificação ocorre normalmente quando novas oportunidades ou nichos ecológicos se tornam disponíveis, permitindo que os organismos explorem diferentes recursos e ambientes. Aqui está uma visão geral da radiação adaptativa, suas caraterísticas, mecanismos e exemplos:

Caraterísticas da radiação adaptativa:

1. **Espécie ancestral única:**

A radiação adaptativa começa com um ancestral comum que passa por uma rápida diversificação evolutiva em múltiplas espécies descendentes.

2. **Diversificação rápida:**

As espécies descendentes exibem diversas adaptações morfológicas, ecológicas e comportamentais adequadas à exploração de diferentes nichos ecológicos.

3. **Oportunidade ecológica:**

A radiação adaptativa ocorre frequentemente quando novos habitats, recursos ou papéis ecológicos se tornam disponíveis, criando oportunidades para os organismos ocuparem e se adaptarem a diversos ambientes.

4. **Evolução convergente:**

Diferentes linhagens desenvolvem independentemente caraterísticas semelhantes (estruturas análogas) para explorar nichos ecológicos semelhantes, ilustrando a evolução convergente em radiações adaptativas.

5. **Especiação geográfica:**

As radiações adaptativas conduzem frequentemente à especiação geográfica, em que as espécies descendentes ocupam regiões geográficas ou habitats diferentes.

Mecanismos de radiação adaptativa:

1. **Oportunidade ecológica:**

Novos ambientes, como ilhas, massas de terra recém-formadas ou mudanças ecológicas (por exemplo, eventos de extinção), fornecem recursos ou habitats inexplorados que impulsionam a radiação adaptativa.

2. **Principais inovações:**

Evolução de novas caraterísticas ou adaptações (inovações-chave) que permitem aos organismos explorar novos recursos ou habitats de forma mais eficaz. Os exemplos incluem estruturas de alimentação especializadas (formas de bico nos tentilhões de Darwin) ou adaptações fisiológicas.

3. **Cascatas de diversificação:**

As adaptações iniciais facilitam uma maior diversificação à medida que as espécies descendentes exploram oportunidades ecológicas adicionais, conduzindo a uma cascata de diversificação evolutiva.

4. **Pressões selectivas:**

A seleção natural e as pressões ecológicas conduzem o processo de radiação adaptativa, favorecendo caraterísticas que aumentam a sobrevivência, a reprodução e o sucesso competitivo em diferentes ambientes.

Exemplos de Radiação Adaptativa:

1. **Tentilhões de Darwin (Ilhas Galápagos):**

Charles Darwin observou a radiação adaptativa entre os tentilhões nas Ilhas Galápagos, onde diferentes espécies desenvolveram formas de bico especializadas e comportamentos alimentares adaptados a várias fontes de alimento (sementes, insectos, flores de cactos).

2. **Trepadeiras do Havai:**

As aves trepadeiras do Havai sofreram uma radiação adaptativa, diversificando-se em numerosas espécies com formas de bico distintas para se alimentarem de diferentes recursos vegetais (sementes, néctar, insectos).

3. **Marsupiais australianos:**

Os marsupiais australianos representam um exemplo clássico de radiação adaptativa após o isolamento do continente. Diversificaram-se em vários nichos ecológicos, incluindo herbívoros (cangurus), carnívoros (diabos-da-tasmânia) e insectívoros (numbats).

4. **Peixes ciclídeos africanos:**

Os peixes ciclídeos dos Grandes Lagos africanos sofreram uma rápida radiação adaptativa, diversificando-se em centenas de espécies com morfologias e comportamentos especializados adaptados aos diferentes habitats e fontes de alimento dos lagos.

Importância evolutiva:

1. **Biodiversidade e especiação:**

A radiação adaptativa contribui significativamente para a biodiversidade ao gerar uma vasta gama de espécies adaptadas a diversos papéis ecológicos e condições ambientais.

2. **Resiliência ecológica:**

A diversificação no seio das radiações adaptativas aumenta a resiliência e a estabilidade ecológicas ao preencher nichos ecológicos, reduzindo a competição entre espécies estreitamente relacionadas.

3. **Implicações para a investigação:**

O estudo da radiação adaptativa permite compreender os mecanismos de especiação, as transições evolutivas e o papel dos factores ecológicos na formação da diversidade biológica.

Em resumo, a radiação adaptativa exemplifica o processo dinâmico de diversificação evolutiva impulsionado por oportunidades ecológicas e pressões selectivas. Ilustra a forma como uma única linhagem ancestral pode dar origem a uma multiplicidade de espécies descendentes, cada uma adaptada de forma única para explorar diferentes ambientes e recursos - um fenómeno central para compreender as origens e a diversidade da vida na Terra.

4.7. Evidências da embriologia

A embriologia, o estudo do desenvolvimento do embrião desde a fertilização até ao nascimento, fornece provas convincentes para a biologia evolutiva, revelando padrões de desenvolvimento partilhados e relações ancestrais entre organismos. Aqui está uma visão geral de como a embriologia apoia a teoria evolutiva:

Evidências da embriologia:

1. **Homologias de desenvolvimento:**

Bolsas e arcos faríngeos: Muitos embriões de vertebrados, incluindo os humanos, desenvolvem estruturas semelhantes conhecidas como bolsas e arcos faríngeos durante o desenvolvimento inicial. Essas estruturas dão origem a várias estruturas adultas, como a mandíbula, o ouvido interno e a garganta em diferentes grupos de vertebrados.

Estruturas de cauda: Nas fases embrionárias iniciais, os embriões de vertebrados exibem frequentemente estruturas semelhantes a caudas, reflectindo uma ancestralidade comum. Enquanto algumas espécies perdem essas estruturas durante o desenvolvimento (por exemplo, humanos), outras as mantêm (por exemplo, peixes).

2. **Embriologia comparada:**

Fases de desenvolvimento semelhantes: Em diferentes espécies, os embriões passam frequentemente por fases de desenvolvimento semelhantes, o que sugere uma ancestralidade evolutiva partilhada. Por exemplo, os embriões dos primeiros vertebrados apresentam semelhanças na formação dos tubos neurais e dos botões dos membros.

Membranas embrionárias: Estudos comparativos das membranas embrionárias (por exemplo, âmnio, córion) revelam semelhanças no seu desenvolvimento entre diferentes grupos de vertebrados, apoiando relações evolutivas.

3. **Estruturas vestigiais:**

Vestígios embrionários: Alguns organismos exibem estruturas vestigiais durante o desenvolvimento embrionário que se assemelham a órgãos totalmente funcionais nos seus antepassados evolutivos. Por exemplo, as baleias e as cobras apresentam uma formação precoce de botões de membros, apesar de não terem membros funcionais quando adultos.

4. **Transições evolutivas:**

Transições evolutivas: O estudo do desenvolvimento embrionário ajuda a identificar transições e adaptações evolutivas. Por exemplo, a evolução das penas nas aves a partir das escamas dos répteis pode ser rastreada através das fases de desenvolvimento dos embriões.

5. **Biologia evolutiva do desenvolvimento (Evo-Devo):**

Base Genética: Evo-Devo explora a forma como as alterações nos genes do desenvolvimento e nas redes de regulação contribuem para as alterações evolutivas na morfologia e na diversidade fenotípica das espécies.

Genes conservados: Muitos genes e vias reguladoras que controlam o desenvolvimento são altamente conservados em diversos organismos, indicando as suas origens antigas e o seu papel na formação de padrões evolutivos.

Significado na Biologia Evolutiva:

1. **Descendência comum:**

As semelhanças embriológicas entre diferentes espécies sugerem uma descendência comum a partir de um antepassado partilhado. A presença de estruturas homólogas e de vias de desenvolvimento apoia a ideia de uma árvore da vida unificada.

2. **Divergência e Adaptação:**

As alterações evolutivas nas vias de desenvolvimento estão na base da diversidade morfológica e das adaptações dos organismos ao longo de escalas temporais evolutivas. A embriologia ajuda a elucidar a forma como as alterações genéticas conduzem a novidades e adaptações evolutivas.

3. **Estudos comparativos:**

Ao comparar o desenvolvimento embrionário entre espécies, os cientistas reconstroem relações filogenéticas e histórias evolutivas, identificando padrões de divergência e convergência em linhagens evolutivas.

4. **Implicações biomédicas:**

A compreensão do desenvolvimento embriológico é uma base para a investigação biomédica, incluindo estudos sobre defeitos congénitos, regeneração e perturbações do desenvolvimento. A embriologia comparada fornece informações sobre o desenvolvimento humano e os mecanismos das doenças.

Em resumo, a embriologia fornece provas sólidas para a biologia evolutiva, revelando padrões de desenvolvimento partilhados, estruturas homólogas e transições evolutivas entre diversos organismos. Sublinha a unidade da vida através da ancestralidade comum, ao mesmo tempo que destaca a diversidade de adaptações que evoluíram através da seleção natural e de outros mecanismos evolutivos ao longo de milhões de anos.

4.8. Evidências da bioquímica e da biologia molecular

A bioquímica e a biologia molecular fornecem provas convincentes para a teoria evolutiva, revelando semelhanças moleculares, sequências genéticas e vias bioquímicas partilhadas entre diferentes espécies. Eis como a bioquímica e a biologia molecular contribuem para a nossa compreensão da evolução:

Evidências da bioquímica e da biologia molecular:

1. **Código Genético e Sequências de ADN:**

Código Genético Universal: Todos os organismos na Terra usam o mesmo código genético (DNA-RNA-proteína) para codificar e descodificar a informação genética. Esta universalidade sugere uma origem evolutiva comum para todas as formas de vida.

Genes conservados: A comparação das sequências de ADN de diferentes espécies revela genes conservados (ortólogos) que desempenham funções semelhantes, indicando uma ancestralidade partilhada e relações evolutivas.

2. **Estrutura e função das proteínas:**

Proteínas Homólogas: As proteínas com estruturas e funções semelhantes em espécies diferentes (homólogas) partilham frequentemente uma origem evolutiva comum. As semelhanças estruturais indicam descendência de um ancestral comum e conservação evolutiva da função da proteína.

Alinhamento de sequências: As ferramentas bioinformáticas alinham sequências de proteínas para identificar regiões conservadas e alterações evolutivas, fornecendo informações sobre relações evolutivas e divergência.

3. **Famílias de genes e relações evolutivas:**

Duplicação de genes: Processos evolutivos como a duplicação e divergência de genes levam à formação de famílias de genes com funções relacionadas. A genómica comparativa traça a história evolutiva das famílias de genes nas espécies.

Análise filogenética: A filogenética molecular utiliza dados genéticos (por exemplo, sequências de ADN, sequências de proteínas) para reconstruir relações evolutivas e árvores filogenéticas, ilustrando a divergência e as relações entre espécies ao longo do tempo.

4. **Genómica funcional e adaptações evolutivas:**

Redes de regulação: A genómica comparativa e a transcriptómica revelam redes reguladoras e vias genéticas conservadas que controlam o desenvolvimento, o metabolismo e os processos fisiológicos em diversos organismos.

Evolução adaptativa: A análise dos padrões de expressão dos genes e das caraterísticas adaptativas (por exemplo, resistência a stresses ambientais) permite compreender as adaptações evolutivas e os mecanismos genéticos subjacentes à diversidade fenotípica.

5. **Biogeografia e relógios moleculares:**

Padrões biogeográficos: Os marcadores moleculares (por exemplo, ADN mitocondrial, microssatélites) traçam padrões históricos de migração e relações evolutivas entre populações e espécies, apoiando estudos biogeográficos.

Relógios moleculares: Os relógios moleculares estimam os tempos de divergência evolutiva com base nas mutações genéticas acumuladas ao longo do tempo, fornecendo linhas cronológicas para eventos evolutivos e eventos de especiação.

Significado na Biologia Evolutiva:

1. **Consiliência das provas:**

Os dados bioquímicos e moleculares corroboram as descobertas da paleontologia, da anatomia comparada e da biogeografia, reforçando a teoria da evolução por seleção natural como um quadro unificador para a compreensão da biodiversidade e das relações entre espécies.

2. **Mecanismos de evolução:**

A biologia molecular elucida os mecanismos genéticos (por

exemplo, mutação, fluxo genético, seleção natural) que conduzem à mudança evolutiva e à adaptação das populações ao longo das gerações.

Fornece provas empíricas dos princípios darwinistas de descendência com modificação e da acumulação gradual de variação genética nas populações.

3. Aplicações em biotecnologia e medicina:

As técnicas moleculares e as ferramentas genómicas estão na base das aplicações biotecnológicas, incluindo a engenharia genética, o melhoramento das culturas e a investigação farmacêutica.

Os conhecimentos sobre genética evolutiva ajudam a compreender a saúde humana, os mecanismos das doenças e as abordagens de medicina personalizada baseadas na variabilidade genética.

4. Direcções futuras:

Os avanços na sequenciação de alto rendimento, na bioinformática e na biologia computacional continuam a alargar a nossa compreensão dos processos evolutivos, da diversidade genética e da interligação da vida na Terra.

Em resumo, a bioquímica e a biologia molecular fornecem provas sólidas da teoria evolutiva através de homologias moleculares, sequências genéticas, relações filogenéticas e caraterísticas adaptativas em diferentes organismos. Estas disciplinas estabelecem uma ponte entre os mecanismos moleculares e os padrões evolutivos, demonstrando a unidade da vida e as diversas formas como os organismos se adaptaram aos seus ambientes ao longo de escalas temporais evolutivas.

5. O mecanismo da evolução

A evolução, tal como entendida através da lente da genética, envolve alterações na frequência dos alelos (diferentes formas de genes) nas populações ao longo de gerações sucessivas. Estas alterações são impulsionadas por vários mecanismos, conhecidos coletivamente como a base genética da evolução. Aqui está uma visão geral centrada em populações, demes e os mecanismos que moldam a variação genética:

Populações e demónios:

1. **População:**

Uma população refere-se a um grupo de indivíduos cruzados da mesma espécie que habitam uma área geográfica específica. As populações são as unidades fundamentais da evolução porque as mudanças genéticas ocorrem dentro das populações ao longo do tempo.

2. **Demes:**

Um demónio é uma subpopulação localizada dentro de uma população maior que pode estar um pouco isolada de outros demónios devido a barreiras geográficas ou outros factores. Os demes podem apresentar caraterísticas genéticas únicas e podem, em certa medida, evoluir de forma independente.

Mecanismos de evolução: A Base Genética

1. **Mutação:**

Definição: As mutações são alterações aleatórias nas sequências de ADN que podem criar novos alelos. Introduzem variação genética nas populações.

Papel na evolução: As mutações são a fonte última da diversidade genética sobre a qual actuam a seleção natural e outras forças evolutivas. Elas fornecem a matéria-prima para a mudança evolutiva.

2. **Seleção natural:**

Definição: A seleção natural é o processo pelo qual as caraterísticas favoráveis (alelos) se tornam mais comuns numa população devido à sua contribuição para o sucesso reprodutivo (aptidão).

Mecanismo: Os indivíduos com caraterísticas vantajosas têm maior probabilidade de sobreviver, reproduzir-se e transmitir os seus alelos à geração seguinte. Esta sobrevivência e reprodução diferenciadas conduzem à acumulação gradual de alelos benéficos e à redução dos alelos deletérios.

3. **Deriva genética:**

Definição: A deriva genética refere-se a mudanças aleatórias nas frequências de alelos dentro das populações devido a eventos casuais, especialmente em populações pequenas.

Efeitos: A deriva genética é mais pronunciada em populações pequenas, onde as flutuações aleatórias podem levar à perda de alelos (estrangulamento genético) ou à fixação de alelos (efeito fundador), afectando a diversidade genética.

4. **Fluxo genético:**

Definição: O fluxo genético é o movimento de alelos entre populações através da migração de indivíduos ou gâmetas (pólen, sementes).

Impacto: O fluxo de genes pode homogeneizar as populações, reduzindo as diferenças genéticas entre elas, ou introduzir novos alelos numa população, influenciando a sua composição genética.

5. **Acasalamento não aleatório:**

Definição: O acasalamento não aleatório ocorre quando os indivíduos escolhem preferencialmente os parceiros com base em determinadas caraterísticas (acasalamento assortativo) ou evitam o acasalamento com outros (acasalamento dissortativo).

Consequências: O acasalamento não aleatório pode alterar as frequências alélicas nas populações, afectando a variação genética e conduzindo potencialmente a mudanças evolutivas.

Dinâmica evolutiva das populações:

1. **Equilíbrio de Hardy-Weinberg:**

O princípio de Hardy-Weinberg descreve as condições em que as frequências de alelos numa população permanecem estáveis de geração em geração, na ausência de forças evolutivas (mutação, seleção, deriva e migração).

Fornece uma base de referência para medir as alterações evolutivas das frequências alélicas ao longo do tempo.

2. **Microevolução vs. Macroevolução:**

A microevolução refere-se a mudanças nas frequências alélicas dentro das populações em escalas de tempo curtas (por exemplo, décadas a séculos), enquanto a macroevolução refere-se a padrões e processos evolutivos em grande escala que ocorrem em escalas de tempo geológicas (por exemplo, especiação, radiação adaptativa).

Significado na Biologia Evolutiva:

1. **Compreender a variação:** A base genética da evolução elucida a forma como a variação genética surge e é mantida nas populações, influenciando a sua capacidade de adaptação a ambientes em mudança.
2. **Conservação e gestão:** O conhecimento da genética das populações informa as estratégias de conservação, avaliando a diversidade genética, identificando populações em risco e promovendo a resiliência genética às alterações ambientais.
3. **Aplicações na agricultura e na medicina:** Os princípios evolutivos orientam os programas de melhoramento para aumentar o rendimento das culturas, a resistência às doenças e a produtividade do gado. Na medicina, a compreensão dos processos evolutivos ajuda a combater a resistência aos medicamentos e a compreender a diversidade genética humana.

Em suma, a base genética da evolução engloba mecanismos como a mutação, a seleção natural, a deriva genética, o fluxo genético e o acasalamento não aleatório, que, coletivamente, moldam a variação genética dentro das populações e conduzem a mudanças evolutivas ao longo do tempo. Estes mecanismos ilustram as interações dinâmicas entre os processos genéticos e os factores ambientais que estão na base da biodiversidade e da adaptação dos organismos aos seus nichos ecológicos.

5.1. Variação genética

A variação genética refere-se à diversidade de alelos e genótipos numa população ou espécie. É um conceito fundamental em genética e biologia evolutiva, essencial para compreender a adaptação, a evolução e a dinâmica das populações. Aqui está uma visão geral da variação genética e do seu significado:

Fontes de variação genética:

1. **Mutação:**

Definição: As mutações são alterações espontâneas na sequência do ADN que podem resultar de erros na replicação do ADN, da exposição a agentes mutagénicos (químicos, radiação) ou de outros processos genéticos.

Impacto: As mutações introduzem novos alelos nas populações, criando diversidade genética sobre a qual actuam a seleção natural e outras forças evolutivas. São a principal fonte de variação genética.

2. **Recombinação:**

Definição: A recombinação é o processo pelo qual o material genético é trocado entre cromossomas homólogos durante a meiose (reprodução sexual).

Impacto: A recombinação cria novas combinações de alelos nos cromossomas, aumentando a diversidade genética entre os descendentes. A recombinação altera a variação genética existente nas populações.

3. **Fluxo genético:**

Definição: O fluxo genético refere-se ao movimento de alelos entre populações através da migração de indivíduos ou gâmetas (pólen, sementes).

Impacto: O fluxo genético pode introduzir novos alelos nas populações ou homogeneizar as frequências de alelos entre populações, dependendo da extensão da migração e do intercâmbio genético.

4. **Reprodução sexual:**

Definição: A reprodução sexual envolve a fusão de gâmetas (espermatozóides e óvulos) de dois progenitores, cada um contribuindo com um conjunto único de alelos para a sua descendência.

Impacto: Ao combinar o material genético de dois indivíduos, a reprodução sexual gera descendentes com genótipos únicos, aumentando a variação genética nas populações.

Níveis de variação genética:

1. **Diversidade de nucleótidos:**

A diversidade nucleotídica mede o número médio de diferenças nucleotídicas por local entre duas sequências de ADN numa população. Reflecte a quantidade de variação genética a nível molecular.

2. **Polimorfismo genético:**

O polimorfismo genético refere-se à coexistência de dois ou mais fenótipos distintos ou variantes genéticas (alelos) numa população. Os polimorfismos podem ser observados em caraterísticas controladas por múltiplos alelos ou loci.

3. **Traços quantitativos:**

Os traços quantitativos apresentam uma variação contínua (por exemplo, altura, peso, atividade enzimática) influenciada por múltiplos genes (traços poligénicos) e factores ambientais. A variação genética contribui para a diversidade fenotípica dos traços quantitativos.

Significado da variação genética:

1. **Adaptação e evolução:**

A variação genética constitui a matéria-prima da seleção natural e dos processos evolutivos. As populações com maior diversidade genética têm maior probabilidade de se adaptarem às alterações ambientais, como as alterações climáticas ou novos agentes patogénicos.

2. **Aptidão e resiliência das populações:**

Uma elevada variação genética melhora a aptidão da população, aumentando o potencial dos indivíduos para sobreviverem e se reproduzirem em ambientes variáveis. Protege contra os efeitos da consanguinidade e da deriva genética.

3. **Biologia da Conservação:**

A avaliação da variação genética dentro das espécies informa os esforços de conservação, identificando populações geneticamente distintas (subespécies ou ecótipos) e dando prioridade às acções de conservação para preservar o potencial evolutivo e a resiliência genética.

4. **Investigação biomédica:**

A variação genética está na base das diferenças individuais na suscetibilidade às doenças, na resposta aos tratamentos (farmacogenética) e noutras caraterísticas relacionadas com a saúde. A compreensão da diversidade genética permite abordagens de medicina personalizada.

Métodos de estudo da variação genética:

1. **Marcadores moleculares:**

Os marcadores de ADN (por exemplo, microssatélites, polimorfismos de nucleótido único - SNP) são utilizados para avaliar a variação genética dentro das populações, rastrear as frequências alélicas e estudar as relações evolutivas.

2. **Sequenciação do genoma:**

As tecnologias de sequenciação de elevado rendimento facilitam a análise do genoma completo para identificar variantes genéticas (mutações, SNPs) e compreender a sua distribuição nas populações.

3. **Genética das populações:**

Os métodos estatísticos em genética populacional quantificam a diversidade genética (heterozigotia, frequências alélicas), avaliam a estrutura genética e inferem as histórias demográficas das populações.

Em resumo, a variação genética é fundamental para o estudo da evolução e da biodiversidade, reflectindo a diversidade de alelos e genótipos nas populações. Resulta de mutações, recombinação, fluxo genético e reprodução sexual, moldando o potencial adaptativo e a resiliência das espécies aos desafios ambientais e impulsionando a mudança evolutiva ao longo do tempo.

5.2. Fontes de variação genética

A variação genética provém de várias fontes, contribuindo para a diversidade de alelos e genótipos nas populações. O conhecimento destas fontes é fundamental para compreender os processos evolutivos, a adaptação e a base genética das caraterísticas. Aqui estão as principais fontes de variação genética:

Fontes de variação genética:

1. **Mutação:**

Definição: As mutações são alterações na sequência de ADN que podem ocorrer espontaneamente ou ser induzidas por factores externos, como a radiação ou produtos químicos.

- **Tipos de mutações:**

Mutações pontuais: Alterações de um único nucleótido, incluindo substituições (substituição de uma base por outra), inserções (adição de um ou mais nucleótidos) ou supressões (remoção de um ou mais nucleótidos).

Mutações cromossómicas: Alterações estruturais nos cromossomas, tais como inversões, duplicações, deleções ou translocações.

Impacto: As mutações introduzem novas variantes genéticas (alelos) nas populações, fornecendo a matéria-prima para a mudança evolutiva. A maioria das mutações é neutra ou deletéria, mas algumas podem ser vantajosas em condições ambientais específicas.

2. **Recombinação:**

Definição: A recombinação é o processo durante a meiose em que o material genético de dois cromossomas parentais é trocado, resultando em novas combinações de alelos nos cromossomas.

Crossing Over: Os cromossomas homólogos trocam segmentos de ADN, promovendo a diversidade genética através da mistura de alelos existentes em novas combinações.

Impacto: A recombinação aumenta a variação genética nas populações e contribui para a diversidade de caraterísticas observadas na descendência.

3. **Fluxo de genes (migração):**

Definição: O fluxo genético refere-se à transferência de alelos entre populações através do movimento de indivíduos ou gâmetas (por exemplo, pólen, sementes).

Efeitos: A migração pode introduzir novos alelos nas populações, homogeneizar as frequências de alelos entre populações ou aumentar a diversidade genética nas populações receptoras.

Importância: O fluxo genético facilita a adaptação ao permitir que alelos benéficos se espalhem pelas populações e pode contrariar a deriva genética ou os efeitos da consanguinidade.

4. **Reprodução sexual:**

Definição: A reprodução sexual envolve a fusão de gâmetas (espermatozóides e óvulos) de dois progenitores, cada um contribuindo com um conjunto único de alelos para a sua descendência.

Recombinação e seleção independente: Durante a fertilização e a meiose, a seleção independente de cromossomas e a recombinação geram descendentes com combinações genéticas distintas dos seus pais.

Impacto: A reprodução sexual gera diversidade genética entre os descendentes, aumentando a adaptabilidade da população a ambientes em mudança.

5. **Poliploidia:**

Definição: A poliploidia é um tipo de mutação cromossómica em que um organismo possui mais do que dois conjuntos completos de cromossomas (por exemplo, triploide, tetraploide).

Efeitos: Os indivíduos poliplóides apresentam frequentemente padrões de expressão genética alterados e uma maior diversidade genética, o que pode levar à formação de novas espécies (especiação poliploide).

Significado da variação genética:

1. **Adaptação e seleção natural:**

A variação genética fornece a matéria-prima para a seleção natural, permitindo que as populações se adaptem às mudanças ambientais, favorecendo os alelos que conferem vantagens de aptidão.

2. **Aptidão e resiliência das populações:**

Uma elevada diversidade genética aumenta a resistência da população às pressões ambientais, aos agentes patogénicos e a outras pressões selectivas, reduzindo o risco de extinção devido a estrangulamentos genéticos ou à depressão endogâmica.

3. **Potencial evolutivo:**

A variação genética alimenta processos evolutivos como a especiação, a radiação adaptativa e o aparecimento de novas caraterísticas em escalas de tempo geológicas, impulsionando a biodiversidade e as interações ecológicas.

4. **Aplicações biomédicas:**

A compreensão da variação genética informa a investigação biomédica, incluindo estudos sobre a suscetibilidade a doenças, respostas a medicamentos (farmacogenética) e abordagens de medicina personalizada baseadas em perfis genéticos individuais.

Métodos de estudo da variação genética:

1. **Marcadores moleculares:**

Os marcadores de ADN, como os microssatélites, os polimorfismos de nucleótido único (SNP) e os polimorfismos de comprimento de fragmentos amplificados (AFLP), são utilizados para avaliar a diversidade genética nas populações e acompanhar as frequências alélicas ao longo do tempo.

2. **Sequenciação do genoma:**

As tecnologias de sequenciação de elevado rendimento permitem uma análise exaustiva das variantes genéticas (mutações, SNP) em genomas inteiros, facilitando o estudo dos processos evolutivos e da genética das populações.

3. **Genética das populações:**

As abordagens estatísticas em genética populacional quantificam a diversidade genética (por exemplo, heterozigotia, frequências alélicas), avaliam a estrutura genética e inferem a história evolutiva das populações.

Em resumo, a variação genética resulta de mutações, recombinação, fluxo genético, reprodução sexual e, ocasionalmente, poliploidia, impulsionando os processos evolutivos e contribuindo para a diversidade de caraterísticas observadas dentro e entre populações. Estas fontes de variação estão na base da adaptação, das interações ecológicas e da persistência das espécies em ambientes dinâmicos ao longo de escalas temporais evolutivas.

5.3. Conjunto de genes

O pool genético refere-se ao conjunto total de genes e alelos presentes numa população ou espécie num determinado momento. Representa a diversidade genética dentro de uma população, englobando todos os alelos de cada gene em todos os indivíduos. Aqui está uma visão geral do conceito e do significado do património genético na biologia evolutiva:

Conceito de pool genético:

1. **Definição:**

O património genético é constituído por toda a informação genética, incluindo alelos e variantes genéticas, numa população de organismos.

Reflecte a diversidade genética e o potencial de variação subjacente à dinâmica das populações e aos processos evolutivos.

2. **Componentes:**

Alelos: Formas diferentes de um gene que podem ocupar o mesmo locus (posição) em cromossomas homólogos.

Variantes genéticas: Variações nas sequências de ADN que podem afetar caraterísticas ou fenótipos na população.

Distribuição de frequências: A proporção de cada alelo no património genético determina as frequências dos alelos, que podem mudar ao longo do tempo devido a forças evolutivas.

Importância do património genético:

1. **Potencial evolutivo:**

O pool genético fornece a matéria-prima para a evolução por seleção natural e outros mecanismos evolutivos. Inclui a variabilidade necessária para as populações se adaptarem a ambientes em mudança e a pressões selectivas.

2. **Dinâmica das populações:**

As alterações nas frequências dos alelos no pool genético reflectem a deriva genética, o fluxo genético, a seleção natural, as mutações e outros factores que moldam a dinâmica da população ao longo das gerações.

A diversidade genética dentro do pool genético influencia a aptidão da população, a resistência às alterações ambientais e a suscetibilidade a doenças ou outras pressões selectivas.

3. **Variação genética:**

A variação genética no património genético contribui para a diversidade fenotípica entre os indivíduos de uma população. Permite a expressão de diferentes caraterísticas, que podem ser vantajosas ou desvantajosas consoante as condições ambientais.

4. **Conservação e gestão:**

A compreensão do património genético é crucial para a biologia da conservação e a gestão de espécies ameaçadas. A avaliação da diversidade genética e a manutenção de conjuntos de genes saudáveis são essenciais para preservar o potencial adaptativo das espécies e evitar a depressão endogâmica.

5. **Investigação biomédica:**

Na investigação biomédica, o património genético permite conhecer as predisposições genéticas para as doenças, as respostas aos tratamentos (farmacogenética) e o estudo de caraterísticas genéticas complexas nas populações humanas.

Factores que influenciam o pool genético:

1. **Mutação e Recombinação:**

As mutações introduzem novos alelos no património genético, enquanto a recombinação durante a meiose gera novas combinações de alelos nos cromossomas.

2. **Fluxo genético:**

O fluxo genético (migração) introduz alelos de uma população para outra, alterando potencialmente as frequências dos alelos e aumentando a diversidade genética.

3. **Seleção natural:**

A seleção natural favorece os alelos que conferem maior aptidão em ambientes específicos, levando a alterações nas frequências dos alelos no pool genético ao longo das gerações.

4. **Deriva genética:**

A deriva genética refere-se a alterações aleatórias nas frequências dos alelos devido a acontecimentos fortuitos, particularmente significativos em populações pequenas onde o acaso desempenha um papel mais importante na fixação ou perda de alelos.

Métodos de estudo do património genético:

1. **Genética das populações:**

As análises estatísticas em genética populacional quantificam as frequências alélicas, as métricas de diversidade genética (por exemplo, heterozigotia) e a estrutura genética das populações.

2. **Marcadores moleculares:**

Os marcadores de ADN, como os microssatélites, os polimorfismos de nucleótido único (SNP) e os polimorfismos de comprimento de fragmentos amplificados (AFLP), são utilizados para avaliar a variação genética e rastrear as frequências alélicas nas populações.

3. **Sequenciação do genoma:**

As tecnologias de sequenciação de elevado rendimento permitem uma análise exaustiva das variantes genéticas (mutações, SNPs) em genomas inteiros, fornecendo informações sobre a composição e a dinâmica dos conjuntos de genes.

A compreensão do património genético é essencial para o estudo dos processos evolutivos, da conservação da biodiversidade e da diversidade genética das populações. Sublinha a interligação entre a variação genética, a adaptação e a persistência das espécies em ambientes em mudança ao longo de escalas temporais evolutivas.

5.4. Frequência do alelo

A frequência alélica refere-se à proporção de um alelo específico em relação a todos os alelos de um determinado gene numa população. É um conceito crucial em genética populacional e biologia evolutiva, reflectindo a diversidade genética e a dinâmica das populações ao longo do tempo. Segue-se uma explicação da frequência alélica e do seu significado:

Definição e cálculo:

1. **Definição:**

A frequência alélica é a proporção de um determinado alelo (variante de um gene) no património genético de uma população.

É normalmente representado como um decimal ou percentagem e varia de 0 a 1 (ou 0% a 100%).

2. **Cálculo:**

Suponha que um gene tem dois alelos, A e a. Numa população:

Seja ppp a frequência do alelo A.

Seja qqq representar a frequência do alelo a.

A soma de ppp e qqq é sempre 1 (ou 100%).

- A frequência dos alelos pode ser calculada através da fórmula:

p+q=1p + q = 1p+q=1

- Por exemplo, se o alelo A ocorre em 70% da população e o alelo a ocorre em 30%, então:
  - p=0,70p = 0,70p=0,70 (frequência do alelo A)
  - q=0,30q = 0,30q=0,30 (frequência do alelo a)

Significado em Genética Populacional:

1. **Variação genética:**

As frequências alélicas determinam a diversidade genética nas populações. Uma maior diversidade de alelos aumenta o potencial de adaptação às alterações ambientais através da seleção natural.

2. **Equilíbrio de Hardy-Weinberg:**

Numa população idealizada sob o equilíbrio de Hardy-Weinberg, as frequências alélicas permanecem constantes de geração em geração se determinadas condições (ausência de mutações, ausência de seleção natural, acasalamento aleatório, grande dimensão da população e ausência de fluxo genético) forem satisfeitas.

Os desvios do equilíbrio de Hardy-Weinberg indicam processos evolutivos como a seleção natural, a deriva genética ou o fluxo genético que afectam as frequências dos alelos.

3. **Processos evolutivos:**

As alterações nas frequências alélicas ao longo do tempo reflectem processos evolutivos como a seleção natural, a deriva genética, o fluxo genético e as mutações. Estes processos conduzem a adaptações e a diferenciação genética entre populações.

4. **Estrutura da população:**

As frequências alélicas podem variar entre diferentes populações devido a factores como o isolamento geográfico, as pressões selectivas, a deriva genética em pequenas populações ou a migração (fluxo genético) entre populações.

Métodos para estudar a frequência dos alelos:

1. **Amostragem da população:**

Os geneticistas recolhem amostras de ADN de indivíduos dentro das populações e analisam as frequências alélicas utilizando marcadores moleculares (por exemplo, microssatélites, polimorfismos de nucleótido único - SNPs).

2. **Genotipagem e sequenciação:**

As tecnologias de sequenciação de elevado rendimento e os métodos de genotipagem permitem uma análise exaustiva da variação genética, incluindo as frequências alélicas nos genomas ou em loci específicos.

3. **Análise estatística:**

Os geneticistas populacionais utilizam testes e modelos estatísticos para estimar as frequências alélicas, avaliar a diversidade genética (por exemplo, heterozigotia) e inferir a história da população e as relações evolutivas.

Aplicações práticas:

1. **Biologia da Conservação:**

A monitorização das frequências alélicas ajuda os biólogos da conservação a avaliar a diversidade genética nas populações de espécies ameaçadas, orientando as estratégias de conservação para preservar a variabilidade genética e o potencial adaptativo.

2. **Genética médica:**

A compreensão das frequências alélicas permite realizar estudos sobre predisposições genéticas a doenças, farmacogenética (respostas individuais a medicamentos) e abordagens de medicina personalizada baseadas em perfis genéticos.

3. **Genética agrícola:**

Os criadores utilizam os dados de frequência alélica para melhorar os programas de criação de culturas ou de gado, selecionando caraterísticas desejáveis (por exemplo, resistência a doenças, rendimento) e mantendo a diversidade genética nas populações de criação.

Em resumo, a frequência alélica é um conceito fundamental em genética populacional, reflectindo a composição genética e a variabilidade dentro das populações. Serve como uma métrica chave para estudar os processos evolutivos, a diversidade genética e o potencial adaptativo das populações em resposta a alterações ambientais e pressões selectivas.

5.5. Frequência genotípica

A frequência genotípica refere-se à proporção de indivíduos de uma população que possuem um determinado genótipo (combinação de alelos) para um locus genético específico. É um conceito crucial em genética populacional e fornece informações sobre a distribuição de caraterísticas genéticas nas populações. Eis uma explicação da frequência genotípica e da sua importância:

Definição e cálculo:

1. **Definição:**

A frequência genotípica é a proporção de indivíduos de uma população que possuem um determinado genótipo num determinado locus genético.

Reflecte a distribuição das combinações genéticas (homozigotas e heterozigotas) numa população.

2. **Cálculo:**

Suponha que um locus genético tem dois alelos, A e a, com frequências ppp e qqq, respetivamente.

As frequências genotípicas podem ser calculadas utilizando os princípios de Hardy-Weinberg, partindo do pressuposto de que os acasalamentos são aleatórios e que não existem forças evolutivas que afectem as frequências alélicas.

Para um organismo diploide, as frequências genotípicas são normalmente representadas da seguinte forma:

Homozigótico dominante (AA): p2p^2p2

Heterozigótico (Aa): 2pq2pq2pq

Homozigótico Recessivo (aa): q2q^2

Onde:

- p= frequência do alelo A
- q = frequência do alelo a
- p2p^2p2, 2pq2pq2pq, e q2q^2q2 somam 1 (100%).

Exemplo de cálculo:

- Se p=0,6p = 0,6p=0,6 (frequência do alelo A) e (q = 0,4 \

5.5. Frequência genotípica

A frequência genotípica refere-se à proporção de indivíduos de uma população que apresentam um genótipo específico para um determinado locus genético. Fornece informações sobre a distribuição das variações genéticas numa população. Segue-se uma explicação detalhada da frequência genotípica e do seu cálculo:

Definição:

A frequência genotípica refere-se à proporção ou percentagem de um determinado genótipo entre os indivíduos de uma população. Os genótipos são a constituição genética de um indivíduo, determinada pela combinação de alelos num locus genético específico.

Cálculo:

As frequências genotípicas são calculadas com base nas frequências alélicas de uma população, assumindo que a população está em equilíbrio de Hardy-Weinberg. De acordo com o princípio de Hardy-Weinberg, as frequências alélicas e genotípicas permanecem constantes numa população idealizada, a menos que factores evolutivos como a seleção, a mutação, a migração ou a deriva genética actuem sobre elas.

Para um organismo diploide com um locus genético com dois alelos, A e a, e supondo

- ppp: frequência do alelo A
- qqq: frequência do alelo a

As frequências genotípicas podem ser calculadas do seguinte modo

1. **Homozigótico dominante (AA):** fAA=p2f_{AA} = p^2fAA=p2
2. **Heterozigótico (Aa):** fAa=2pqf_{Aa} = 2pqfAa=2pq
3. **Homozigótico Recessivo (aa):** faa=q2f_{aa} = q^2faa=q2

Onde:

- p2p^2p2: frequência do genótipo homozigótico dominante (AA)
- 2pq2pq2pq: frequência do genótipo heterozigótico (Aa)
- q2q^2q2: frequência do genótipo homozigótico recessivo

(aa)

- p2+2pq+q2=1p^2 + 2pq + q^2 = 1p2+2pq+q2=1 (ou 100%), porque estes são todos os genótipos possíveis para esse locus na população.

.

Exemplo de cálculo:

Suponha que, numa população, a frequência do alelo A (p) é 0,6 e a frequência do alelo a (q) é 0,4.

- **Calcular p2p^2p2:** p2=(0,6)2=0,36p^2 = (0,6)^2 = 0.36p2=(0.6)2=0.36
- **Calcular q2q^2q2:** q2=(0,4)2=0,16q^2 = (0,4)^2 = 0.16q2=(0.4)2=0.16
- **Calcular 2pq2pq2pq:** 2pq=2×0,6×0,4=0,482pq = 2 \times 0,6 \times 0,4 = 0,482pq=2×0,6×0,4=0,48

Por conseguinte, nesta população:

- fAA=0,36f_{AA} = 0,36fAA=0,36 (36% dos indivíduos são homozigótico dominante)
- fAa=0,48f_{Aa} = 0,48fAa=0,48 (48% dos indivíduos são heterozigótico)
- faa=0,16f_{aa} = 0,16faa=0,16 (16% dos indivíduos são homozigóticos recessivos)

Estas frequências genotípicas ilustram a distribuição dos genótipos para esse locus genético específico na população. A compreensão das frequências genotípicas é essencial para estudar os padrões de hereditariedade, a diversidade genética e os processos evolutivos nas populações.

5.6. A equação de Hardy-Weinberg

A equação de Hardy-Weinberg é um princípio fundamental da genética populacional que descreve a relação entre as frequências dos alelos e as frequências dos genótipos numa população idealizada e não evolutiva. Fornece uma estrutura matemática para prever e compreender como a variação genética é mantida ou muda ao longo das gerações sob determinadas condições. Aqui está uma explicação da equação de Hardy-Weinberg e do seu significado:

Equilíbrio de Hardy-Weinberg (HWE):

1. **Equação:**

A equação de Hardy-Weinberg relaciona as frequências dos alelos com as frequências dos genótipos numa população. Para um locus genético com dois alelos, A e a, a equação é expressa como

p2+2pq+q2=1p^2 + 2pq + q^2 = 1p2+2pq+q2=1

Onde:

- ppp: frequência do alelo A
- qqq: frequência do alelo a
- p2p^2p2: frequência do genótipo homozigótico dominante (AA)
- 2pq2pq2pq: frequência do genótipo heterozigótico

(Aa)

- q2q^2q2: frequência do genótipo homozigótico recessivo (aa) Estas frequências somam 1 (ou 100%), representando todos os genótipos possíveis para esse locus na população.

2. **Pressupostos:**

O equilíbrio de Hardy-Weinberg pressupõe várias condições idealizadas:

Grande tamanho da população: A população é infinitamente grande, minimizando os efeitos da deriva genética (mudanças aleatórias nas frequências dos alelos).

Acasalamento aleatório: Os indivíduos acasalam aleatoriamente em função do seu genótipo no locus em questão.

Sem mutação: As frequências alélicas não se alteram devido a novas mutações.

Não há seleção natural: Todos os genótipos têm a mesma aptidão, pelo que nenhum alelo é favorecido ou selecionado contra.

Sem fluxo genético: Não há migração de indivíduos para dentro ou para fora da população, o que poderia alterar as frequências alélicas.

3. **Importância:**

Poder de previsão: A equação de Hardy-Weinberg permite aos investigadores prever as frequências genotípicas a partir das frequências alélicas e vice-versa, fornecendo uma base de comparação com populações reais.

Variação genética: Os desvios do equilíbrio de Hardy-Weinberg indicam a presença de forças evolutivas como a seleção, a deriva genética, a mutação ou o fluxo genético que influenciam as frequências dos alelos ao longo do tempo.

Genética de populações: Serve como um conceito fundamental em genética de populações, ajudando a entender os padrões de herança, diversidade genética e processos evolutivos dentro das populações.

Biologia da Conservação: A avaliação dos desvios do equilíbrio de Hardy-Weinberg pode informar os esforços de conservação, destacando os factores genéticos que afectam as espécies ou populações ameaçadas.

4. **Aplicações:**

Estudos genéticos: Utilizados para estudar frequências de alelos em populações, inferir relações evolutivas e compreender doenças ou caraterísticas genéticas.

Genética médica: Ajuda a prever a frequência de portadores de doenças genéticas e a avaliar o risco de doenças hereditárias nas populações.

Genética forense: Aplicada na ciência forense para calcular frequências de alelos e determinar a probabilidade de correspondência de perfis de ADN.

Em resumo, a equação de Hardy-Weinberg é um princípio

fundamental na genética populacional que descreve a distribuição esperada de alelos e genótipos numa população idealizada sob condições específicas. Fornece informações sobre o equilíbrio genético e os desvios que podem ocorrer devido a processos evolutivos em populações reais.

5.7. Factores que produzem alterações no património genético das populações

As alterações no património genético das populações ocorrem devido a várias forças e factores evolutivos que influenciam as frequências dos alelos ao longo do tempo. Estes factores podem levar à variação genética dentro e entre populações. Eis os principais factores que produzem alterações no património genético:

Factores que produzem a mudança do pool genético:

1. **Seleção natural:**

Definição: A seleção natural é o processo pelo qual as caraterísticas hereditárias que aumentam as hipóteses de sobrevivência e reprodução de um organismo num determinado ambiente se tornam mais comuns ao longo das gerações.

Impacto no património genético: A seleção natural actua sobre as caraterísticas fenotípicas ligadas a genótipos específicos, favorecendo os alelos vantajosos e aumentando a sua frequência na população. Isto pode levar à adaptação às condições ambientais.

2. **Deriva genética:**

Definição: A deriva genética refere-se a flutuações aleatórias nas frequências de alelos em pequenas populações devido a eventos casuais.

Impacto no pool genético: Em pequenas populações, a deriva genética pode fazer com que certos alelos se tornem mais ou menos frequentes ao longo do tempo, levando à divergência genética em relação à população original (efeito fundador) ou à perda de variação genética (efeito de estrangulamento).

3. **Fluxo genético (migração):**

Definição: O fluxo genético é o movimento de alelos entre populações através da migração de indivíduos ou gâmetas.

Impacto no património genético: O fluxo genético pode homogeneizar as frequências alélicas entre populações, reduzindo as diferenças genéticas, ou introduzir novos alelos numa população, aumentando a diversidade genética.

4. **Mutação:**

Definição: As mutações são alterações aleatórias na sequência de ADN que criam novos alelos.

Impacto no património genético: As mutações introduzem novas variações genéticas no património genético. A maior parte das mutações são neutras ou deletérias, mas ocasionalmente podem ser vantajosas em condições ambientais específicas, aumentando a sua frequência através da seleção natural.

5. **Acasalamento não aleatório:**

Definição: O acasalamento não aleatório ocorre quando os indivíduos escolhem preferencialmente parceiros com determinados fenótipos ou genótipos (acasalamento assortativo) ou quando o acasalamento é limitado por factores geográficos ou sociais (isolamento geográfico).

Impacto no património genético: O acasalamento não aleatório pode aumentar a frequência de certos alelos ou genótipos numa população, levando a alterações na estrutura do património genético ao longo do tempo.

6. **Eventos naturais e catástrofes:**

Definição: Eventos naturais como incêndios, inundações ou erupções vulcânicas e catástrofes como surtos de doenças ou alterações climáticas podem afetar o tamanho das populações e a diversidade genética.

Impacto no património genético: Estes eventos podem causar estrangulamentos genéticos (reduções no tamanho da população) ou efeitos de fundador (novas populações estabelecidas a partir de um pequeno número de indivíduos), influenciando as frequências alélicas e reduzindo a diversidade genética.

7. **Seleção Artificial:**

Definição: A seleção artificial é a criação intencional de organismos com caraterísticas específicas pelo homem.

Impacto no património genético: A seleção artificial pode alterar rapidamente as frequências alélicas nas espécies domesticadas, levando à fixação de caraterísticas desejadas (por exemplo, rendimento das culturas, produtividade do gado) e reduzindo a diversidade genética, a menos que seja gerida com cuidado.

A compreensão destes factores ajuda a elucidar a forma como as populações evoluem e se adaptam aos seus ambientes ao longo do tempo. Destacam a natureza dinâmica dos conjuntos de genes e a interação complexa das forças evolutivas que moldam a diversidade genética dentro das populações e entre elas.

Reprodução não aleatória

A reprodução não aleatória, também conhecida como acasalamento assortativo ou acasalamento não aleatório, refere-se ao fenómeno em que os indivíduos de uma população escolhem os parceiros com base em traços ou caraterísticas específicas, em vez de se acasalarem aleatoriamente. Este fenómeno pode influenciar a distribuição de genótipos e fenótipos nas gerações seguintes. Aqui está uma explicação pormenorizada da reprodução não aleatória e das suas implicações:

Tipos de reprodução não aleatória:

1. **Acasalamento seletivo:**

Definição: O acasalamento assortativo ocorre quando os indivíduos escolhem preferencialmente parceiros com caraterísticas fenotípicas ou genéticas semelhantes.

- **Tipos:**

Acasalamento Assortativo Positivo: Os indivíduos preferem companheiros com fenótipos semelhantes (por exemplo, tamanho corporal semelhante, coloração).

Acasalamento Assortativo Negativo: Os indivíduos preferem companheiros com fenótipos diferentes (por exemplo, coloração oposta, sistema imunitário).

Impacto: O acasalamento assortativo pode aumentar a frequência de genótipos homozigóticos para determinadas caraterísticas numa população, conduzindo a agrupamentos genéticos e influenciando potencialmente as trajectórias evolutivas.

2. **Acasalamento desassortativo:**

Definição: O acasalamento dissortativo ocorre quando os indivíduos preferem parceiros com caraterísticas fenotípicas ou genéticas diferentes.

Impacto: O acasalamento dissortativo pode aumentar a diversidade genética através da manutenção da heterozigotia para determinadas caraterísticas. Pode ser vantajoso em ambientes em mudança, onde a variabilidade genética aumenta a resistência da população.

3. **Consanguinidade:**

Definição: A consanguinidade é uma forma específica de acasalamento não aleatório em que os indivíduos acasalam com parentes próximos (por exemplo, irmãos, primos).

Impacto: A consanguinidade aumenta a probabilidade de homozigotia para alelos recessivos deletérios, levando à depressão endogâmica (redução da aptidão e da saúde) nas populações. Pode também diminuir a diversidade genética e aumentar a expressão de doenças genéticas.

Mecanismos de reprodução não aleatória:

1. **Preferências comportamentais:**

Escolha do parceiro com base em caraterísticas observáveis (fenótipos), como o tamanho do corpo, a coloração, o comportamento ou outras caraterísticas sexualmente selecionadas.

2. **Compatibilidade genética:**

Seleção de parceiros com base na dissemelhança ou compatibilidade genética, frequentemente relacionada com genes do sistema imunitário (complexo principal de histocompatibilidade - MHC), que podem melhorar a aptidão da descendência.

3. **Factores espaciais ou sociais:**

Estruturas geográficas ou sociais que limitam as escolhas de parceiros dentro de certos grupos ou populações, levando à diferenciação genética.

Implicações da reprodução não aleatória:

1. **Estrutura e diversidade genética:**

A reprodução não aleatória pode levar a agrupamentos genéticos e à subestruturação da população, influenciando a diversidade genética dentro e entre populações.

2. **Adaptação e evolução:**

O acasalamento seletivo para caraterísticas específicas pode acelerar a evolução dessas caraterísticas sob pressões de seleção natural ou sexual.

O acasalamento dissortativo pode promover a diversidade genética, aumentando potencialmente a adaptação a ambientes em mudança.

3. **Conservação e gestão:**

A compreensão dos padrões de acasalamento não aleatório é crucial para a biologia da conservação e para a gestão de espécies ameaçadas. As estratégias para evitar a consanguinidade e as avaliações da diversidade genética são essenciais para manter a saúde e a resiliência das populações.

4. **Impactos humanos:**

As actividades humanas, como a reprodução selectiva na agricultura e na criação de animais, podem impor artificialmente padrões de acasalamento não aleatórios que influenciam a diversidade genética e a prevalência das caraterísticas desejadas.

A reprodução não aleatória desempenha um papel significativo na formação da diversidade genética e dos processos evolutivos nas populações naturais. O estudo destes padrões de acasalamento permite compreender a dinâmica das populações, a adaptação e a conservação da biodiversidade.

Deriva genética aleatória (efeito Sewall Wright)

A deriva genética aleatória, frequentemente designada por efeito Sewall Wright, é um mecanismo evolutivo fundamental que descreve a alteração das frequências alélicas numa população devido a acontecimentos fortuitos e não à seleção natural. Aqui está uma explicação detalhada da deriva genética aleatória e das suas implicações:

Definição e mecanismo:

1. **Definição:**

A deriva genética aleatória refere-se às flutuações aleatórias das frequências alélicas numa população, de uma geração para a outra, devido a acontecimentos fortuitos.

Trata-se de um processo estocástico que ocorre em todas as populações, mas que tem um efeito mais pronunciado em populações pequenas, onde os erros de amostragem têm um maior impacto.

2. **Mecanismo:**

Tamanho da população: Em populações pequenas, a amostragem aleatória durante a reprodução pode levar à transmissão desigual de alelos para a geração seguinte. Este efeito de amostragem aleatória é conhecido como deriva genética.

Eventos aleatórios: A deriva genética é causada por acontecimentos aleatórios, tais como a sobrevivência e reprodução fortuitas de indivíduos portadores de determinados alelos em detrimento de outros, e não por diferenças na sua aptidão ou adaptabilidade.

Acumulação de alterações: Ao longo do tempo, a deriva genética aleatória pode fazer com que certos alelos aumentem de frequência (se tornem fixos) ou diminuam (se percam) por mero acaso.

Caraterísticas principais:

1. **Impacto do tamanho da população:**

A deriva genética tem um efeito mais significativo em populações pequenas, onde existe uma maior probabilidade de eventos fortuitos alterarem drasticamente as frequências dos alelos.

Nas grandes populações, a deriva genética continua a ocorrer, mas os seus efeitos são normalmente menos pronunciados devido à média das flutuações aleatórias num maior número de indivíduos.

2. **Perda de variação genética:**

A deriva genética pode levar à perda de variação genética nas populações ao longo de gerações sucessivas, à medida que os alelos se fixam (a frequência atinge 100%) ou se perdem (a frequência atinge 0%).

3. **Efeito fundador e efeito de estrangulamento: Efeito Fundador:** Ocorre quando um pequeno grupo de indivíduos estabelece uma nova população com um subconjunto limitado da variação genética encontrada na população original.

Efeito de gargalo: Resulta de uma redução drástica do tamanho da população devido a desastres naturais, surtos de doenças ou actividades humanas, levando a uma perda de diversidade genética e a uma maior influência da deriva genética.

Implicações e exemplos:

1. **Consequências evolutivas:**

A deriva genética pode contribuir para a divergência das populações ao longo do tempo através da aleatorização das frequências alélicas, conduzindo potencialmente à diferenciação genética e à formação de novas espécies (especiação).

2. **Biologia da Conservação:**

A compreensão da deriva genética é fundamental nos esforços de conservação para gerir populações pequenas e ameaçadas. As estratégias de conservação eficazes têm frequentemente como objetivo manter a diversidade genética e minimizar os efeitos negativos da deriva genética, como a depressão endogâmica.

3. **Perspetiva histórica (Sewall Wright):**

Sewall Wright, um geneticista populacional pioneiro,

desenvolveu modelos matemáticos para quantificar os efeitos da deriva genética a par da seleção natural e do fluxo genético. O seu trabalho lançou as bases para a compreensão da genética populacional e da teoria evolutiva.

Em resumo, a deriva genética aleatória (o efeito Sewall Wright) é uma força evolutiva fundamental que molda as frequências alélicas nas populações através de eventos aleatórios. Este efeito realça a natureza estocástica das alterações genéticas e as suas implicações para a dinâmica das populações, a adaptação e a conservação da biodiversidade.

5.8. Efeito fundador (princípio)

O efeito fundador é um princípio da genética populacional que ocorre quando uma nova população é estabelecida por um pequeno número de indivíduos (fundadores) de uma população maior. Este pequeno grupo de fundadores carrega apenas uma fração da variação genética presente na população original, levando a diferenças genéticas entre a nova população e a original. Aqui está uma explicação detalhada do efeito fundador:

Definição e mecanismo:

1. **Definição:**

O efeito fundador refere-se ao fenómeno genético em que um pequeno grupo de indivíduos (fundadores) estabelece uma nova população numa nova área geográfica ou habitat.

Estes fundadores representam apenas um subconjunto da diversidade genética encontrada na população de origem mais alargada de onde provêm.

2. **Mecanismo:**

Colonização da população: Um pequeno grupo de indivíduos migra, dispersa-se ou fica isolado da população de origem. Este grupo fundador estabelece uma população nova e isolada num local diferente.

Variação genética limitada: A população fundadora tem uma diversidade genética reduzida em comparação com a população de origem devido ao pequeno número de indivíduos envolvidos.

Frequências de alelos: Certos alelos podem estar sobre-representados ou sub-representados puramente por acaso na população fundadora, em comparação com as suas frequências na população de origem.

Deriva genética: O efeito fundador amplifica frequentemente os efeitos da deriva genética, levando a mais alterações aleatórias nas frequências dos alelos na nova população.

Caraterísticas principais:

1. **Gargalo genético:**

O efeito fundador está intimamente relacionado com o conceito de estrangulamento genético, em que ocorre uma redução significativa do tamanho da população, normalmente durante a fase inicial de colonização.

Os estrangulamentos podem intensificar o efeito fundador, reduzindo ainda mais a diversidade genética e aumentando a influência da deriva genética na nova população.

2. **Impacto na diversidade genética:**

As populações fundadoras apresentam uma diversidade genética reduzida em comparação com a população de origem, com a perda de alguns alelos e a fixação de outros em frequências mais elevadas do que o esperado por acaso.

Os alelos raros na população de origem podem estar ausentes na população fundadora, levando a uma composição genética diferente.

3. **Consequências evolutivas:**

O efeito fundador pode influenciar a trajetória evolutiva da nova população, promovendo a diferenciação genética e conduzindo potencialmente à especiação ao longo do tempo.

As populações fundadoras podem evoluir de forma independente, acumulando alterações genéticas e adaptações que são únicas ao seu novo ambiente.

Exemplos e aplicações:

1. **Populações insulares:**

Muitos exemplos clássicos do efeito fundador provêm de populações insulares em que um pequeno número de indivíduos coloniza uma ilha anteriormente desabitada, dando origem a caraterísticas genéticas únicas e à diversidade de espécies (por exemplo, os tentilhões de Darwin nas Ilhas Galápagos).

2. **Populações humanas:**

As populações humanas também apresentam o efeito

fundador. Por exemplo, certas doenças genéticas são mais prevalentes em comunidades isoladas específicas devido a uma elevada frequência de alelos causadores de doenças específicas trazidos por um pequeno grupo de fundadores.

3. **Biologia da Conservação:**

A compreensão do efeito fundador é crucial na biologia da conservação para gerir espécies ameaçadas ou populações que sofreram estrangulamentos genéticos. Os esforços de conservação têm frequentemente como objetivo manter a diversidade genética e evitar os efeitos negativos da consanguinidade e a redução do potencial adaptativo.

Em resumo, o efeito fundador ilustra como a composição genética de uma população pode ser moldada pelo pequeno número de indivíduos que a estabelecem inicialmente. Destaca o papel dos acontecimentos fortuitos e da deriva genética na condução da mudança evolutiva e da diferenciação genética nas populações.

5.9. Carga genética

A carga genética refere-se à presença de alelos deletérios ou prejudiciais no património genético de uma população. Estes alelos podem reduzir a aptidão dos indivíduos que os transportam, quer através de uma maior suscetibilidade a doenças, quer através da redução do sucesso reprodutivo ou de outros factores que diminuem a aptidão global. Aqui está uma explicação detalhada da carga genética:

Definição e conceito:

1. **Definição:**

A carga genética refere-se ao efeito cumulativo de alelos ou mutações deletérias numa população que reduzem a aptidão média dos indivíduos.

Reflecte a carga genética imposta pelos alelos nocivos, que podem reduzir as taxas de sobrevivência, o sucesso reprodutivo ou a saúde em geral.

2. **Componentes:**

Alelos deletérios: São alelos que, quando presentes em homozigose ou, por vezes, em heterozigose, afectam negativamente o fenótipo, a sobrevivência ou o sucesso reprodutivo do organismo.

Redução da aptidão: A carga genética quantifica a redução da aptidão devido à presença destes alelos deletérios. Neste contexto, a aptidão refere-se à capacidade de um organismo sobreviver e reproduzir-se com sucesso no seu ambiente.

Factores que influenciam a carga genética:

1. **Taxa de mutação:**

A taxa a que surgem novas mutações pode influenciar a acumulação de alelos deletérios numa população ao longo das gerações.

Taxas de mutação mais elevadas podem contribuir para uma carga genética mais elevada se as mutações forem predominantemente deletérias.

2. **Pressão de seleção:**

A seleção natural actua para eliminar os alelos deletérios de uma população, reduzindo a sua frequência através da sobrevivência e reprodução diferenciadas.

Em populações onde a pressão de seleção é fraca ou inexistente (por exemplo, populações pequenas ou populações consanguíneas), a carga genética pode aumentar com o tempo.

3. **Tamanho da população:**

A deriva genética em pequenas populações pode levar à fixação de alelos deletérios devido ao acaso, contribuindo para uma carga genética mais elevada.

As populações maiores têm geralmente uma maior diversidade genética e podem potencialmente eliminar os alelos deletérios de forma mais eficaz através da seleção natural.

4. **Factores ambientais:**

As condições ambientais podem influenciar a expressão de alelos deletérios. Alguns alelos podem ser neutros ou mesmo benéficos num determinado ambiente, mas deletérios noutros (pleiotropia).

A alteração das condições ambientais pode alterar as pressões selectivas que actuam sobre as populações e afetar a carga genética.

Implicações e exemplos:

1. **Genética humana:**

A carga genética é relevante na genética humana, onde contribui para a compreensão das perturbações genéticas e das doenças influenciadas por múltiplos genes (perturbações poligénicas).

As frequências de portadores de doenças genéticas recessivas em populações humanas ilustram a forma como a carga genética pode afetar a saúde e a prevalência de doenças.

2. **Biologia da Conservação:** Na biologia da conservação, a carga genética é considerada na gestão de espécies ameaçadas. Pequenas populações com elevada carga genética podem enfrentar riscos acrescidos de extinção devido a uma menor aptidão e adaptabilidade.

3. **Dinâmica evolutiva:**

A carga genética influencia a trajetória evolutiva das populações, afectando a sua capacidade de adaptação a ambientes em mudança ou a novas pressões selectivas.

Os mecanismos de seleção equilibrada podem manter a variação genética e reduzir a carga genética nas populações naturais.

A compreensão da carga genética permite conhecer a saúde e o potencial evolutivo das populações. Sublinha a importância da diversidade genética e da gestão eficaz da população para atenuar os impactos negativos dos alelos deletérios na aptidão e na sobrevivência.

Parece que está interessado no fluxo genético. O fluxo genético refere-se à transferência de material genético de uma população para outra através da migração e do cruzamento. Este processo pode ter impactos significativos na diversidade genética e na adaptação das populações. Se tiver aspectos ou questões específicas sobre o fluxo genético que gostaria de explorar, não hesite em informar-me!

5.10. Fluxo de genes

O fluxo genético, em termos biológicos, refere-se à transferência de material genético de uma população para outra através de cruzamento ou migração. Este movimento de genes pode ocorrer dentro ou entre espécies e tem várias implicações importantes:

1. **Diversidade genética**: O fluxo genético aumenta a diversidade genética dentro das populações através da introdução de novas variantes genéticas provenientes de outras populações.
2. **Genética das populações**: Afecta a composição genética das populações ao longo do tempo, influenciando as caraterísticas e a adaptação a ambientes em mudança.
3. **Evolução das espécies**: O fluxo genético pode facilitar as mudanças evolutivas através da introdução de alelos benéficos nas populações, ajudando nos processos de adaptação e especiação.
4. **Invasões biológicas**: As espécies invasoras podem

introduzir novos genes nas populações nativas através do fluxo genético, afectando a dinâmica dos ecossistemas.

5. **Biologia da Conservação**: A compreensão do fluxo genético ajuda na gestão de populações fragmentadas e nos esforços de conservação, avaliando a conetividade genética e a viabilidade.
6. **Impacto humano**: As actividades humanas como a fragmentação do habitat, a urbanização e a agricultura podem perturbar os padrões naturais de fluxo genético, afectando a biodiversidade.

O fluxo genético é um conceito fundamental na biologia evolutiva e na ecologia, influenciando a dinâmica e a resiliência das populações e dos ecossistemas. Se precisar de informações mais detalhadas ou tiver perguntas específicas sobre o fluxo genético, não hesite em perguntar!

5.11. Seleção

A seleção em biologia refere-se ao processo pelo qual certas caraterísticas ou alelos se tornam mais ou menos comuns numa população ao longo do tempo devido ao seu efeito no sucesso reprodutivo. Trata-se de um mecanismo fundamental da evolução, que conduz a alterações na composição genética das populações. Eis alguns pontos-chave sobre a seleção:

1. **Seleção natural**: A teoria da seleção natural de Charles Darwin postula que os indivíduos com caraterísticas vantajosas (adaptações) para a sobrevivência e reprodução têm maior probabilidade de passar os seus genes para a

geração seguinte. Este processo leva à adaptação gradual das populações aos seus ambientes.

2. **Tipos de seleção**:

Seleção estabilizadora: Favorece as variantes intermédias, reduzindo a variação fenotípica numa população.

Seleção direcional: Altera a frequência de uma caraterística numa direção, frequentemente em resposta a alterações ambientais.

Seleção disruptiva: Favorece fenótipos extremos, levando a uma distribuição bimodal e potencialmente à formação de novas espécies.

Seleção sexual: Seleção para caraterísticas que aumentam o sucesso do acasalamento, o que pode levar ao dimorfismo sexual e a comportamentos de corte elaborados.

3. **Pressões selectivas**: Os factores ambientais, a predação, a competição por recursos e a seleção sexual são exemplos de pressões selectivas que influenciam a aptidão dos indivíduos e moldam as trajectórias evolutivas.

4. **Seleção Artificial**: Os seres humanos criam intencionalmente organismos com caraterísticas desejáveis para a agricultura, companhia ou investigação, como na criação selectiva de gado, animais de estimação e culturas.

5. **Deriva Genética vs. Seleção**: Enquanto a seleção é impulsionada pelo sucesso reprodutivo diferencial, a deriva genética refere-se a alterações aleatórias nas frequências

dos alelos devido a eventos casuais, que também podem influenciar a genética da população.

Compreender a seleção é crucial para compreender como os organismos se adaptam aos seus ambientes e como a biodiversidade é mantida e moldada ao longo do tempo. Se tiver perguntas específicas ou precisar de mais pormenores sobre qualquer aspeto da seleção, não hesite em perguntar!

5.12. A seleção natural e o seu papel na evolução

A seleção natural é um conceito fundamental da biologia evolutiva, proposto por Charles Darwin no século XIX. Descreve o processo pelo qual as caraterísticas vantajosas se tornam mais comuns numa população ao longo de sucessivas gerações, enquanto as caraterísticas desvantajosas se tornam menos comuns, conduzindo, em última análise, à adaptação e à evolução. Eis um resumo da seleção natural e do seu papel na evolução:

1. **Princípios da seleção natural**:

Variação: Os indivíduos de uma população apresentam variações nas caraterísticas devido à diversidade genética.

Hereditariedade: Algumas destas caraterísticas são hereditárias, o que significa que podem ser transmitidas dos pais para a descendência.

Reprodução diferencial: Os indivíduos com caraterísticas vantajosas têm maior sucesso reprodutivo, transmitindo essas caraterísticas a mais descendentes.

2. **Tipos de seleção natural**:

Seleção Estabilizadora: Favorece as variantes intermédias e reduz a variação numa população. Exemplo: Peso ao nascer em humanos.

Seleção direcional: Altera a frequência de uma caraterística numa direção em resposta a alterações ambientais ou a novas condições. Exemplo: Mudança de cor da traça-das-pastagens durante a Revolução Industrial.

Seleção disruptiva: Favorece fenótipos extremos em detrimento de variantes intermédias, levando potencialmente à especiação. Exemplo: Tamanho do bico nos tentilhões das Galápagos.

3. **Papel na evolução**:

A seleção natural actua sobre a variação existente numa população, permitindo que os indivíduos com caraterísticas vantajosas sobrevivam e se reproduzam com mais sucesso no seu ambiente.

Com o tempo, estas caraterísticas vantajosas tornam-se mais prevalecentes na população, conduzindo à adaptação e ao potencial aparecimento de novas espécies.

A seleção natural é um mecanismo que impulsiona a evolução adaptativa, permitindo que os organismos se tornem mais bem adaptados aos seus ambientes ao longo das gerações.

4. **Provas da seleção natural**:

Os registos fósseis mostram transições nas espécies ao longo do tempo, indicando mudanças graduais em resposta a pressões ambientais.

As observações de populações naturais e as experiências em ambientes controlados demonstram como as caraterísticas podem mudar em resposta a pressões selectivas.

5. **Compreensão moderna**: A seleção natural funciona em conjunto com outros mecanismos evolutivos, como a deriva genética, o fluxo genético e a mutação, moldando a diversidade genética e a adaptação das populações.

A seleção natural não é um processo aleatório, mas sim o resultado de interações entre os organismos e os seus ambientes. Fornece um quadro sólido para compreender como surge a biodiversidade e como as espécies evoluem para se adaptarem aos seus nichos ecológicos.

5.13. Modelos de seleção

Os modelos de seleção em biologia evolutiva são quadros teóricos utilizados para descrever e prever alterações na frequência das caraterísticas nas populações ao longo do tempo, sob a influência da seleção natural. Estes modelos ajudam os investigadores a compreender a dinâmica da evolução e os factores que determinam as alterações na variação genética. Eis alguns dos principais modelos de seleção:

1. **Equilíbrio de Hardy-Weinberg (HWE)**:

O princípio de Hardy-Weinberg descreve uma população hipotética na qual as frequências alélicas e genotípicas permanecem constantes de geração em geração se determinadas condições forem satisfeitas (ausência de seleção, ausência de mutação, ausência de migração, grande dimensão da população, acasalamento aleatório).

Serve como um modelo nulo em relação ao qual os desvios podem ser medidos, indicando a presença de forças evolutivas como a seleção.

2. **Modelos de fitness**:

Os modelos de aptidão quantificam o sucesso reprodutivo (aptidão) de indivíduos com diferentes genótipos ou fenótipos numa população.

Estes modelos ajudam a prever a forma como as caraterísticas com diferentes valores de aptidão física irão mudar de frequência ao longo do tempo devido à seleção natural.

3. **Genética quantitativa**:

Os modelos de genética quantitativa analisam a hereditariedade de caraterísticas complexas controladas por múltiplos genes (caraterísticas poligénicas).

Estudam a forma como a variação genética influencia a variação fenotípica em caraterísticas como a altura, o peso ou a resistência a doenças, tendo em conta factores genéticos e ambientais.

4. **Modelos adaptativos da paisagem**:

As paisagens adaptativas visualizam a relação entre o genótipo (ou fenótipo) e a aptidão num espaço multidimensional.

Os picos representam genótipos de elevada aptidão e os vales representam genótipos de baixa aptidão. Prevê-se que as trajectórias evolutivas se movam em direção aos picos (evolução adaptativa) ou através dos vales (seleção estabilizadora ou perturbadora).

5. **Coeficientes de seleção**:

Os coeficientes de seleção quantificam a força da seleção que actua sobre um determinado genótipo ou fenótipo.

Podem ser positivos (aumentando a aptidão), negativos (diminuindo a aptidão) ou neutros (sem efeito na aptidão), influenciando a taxa e a direção da mudança evolutiva.

6. **Modelos de seleção em ambientes em mudança**:

Estes modelos exploram a forma como as populações se adaptam às flutuações ou alterações ambientais ao longo do tempo.

Podem incluir cenários de seleção direcional que favorecem diferentes caraterísticas em condições ambientais variáveis.

Os modelos de seleção são cruciais para compreender a forma como a seleção natural molda a variação genética nas populações e conduz à mudança evolutiva. Fornecem quadros teóricos que podem ser testados e validados utilizando dados empíricos de populações naturais e estudos experimentais.

5.14. Intensidade da pressão de seleção

A intensidade da pressão de seleção refere-se à força ou magnitude das forças selectivas que actuam sobre uma população. Mede o quão vantajoso ou desvantajoso é um determinado traço ou genótipo num determinado ambiente. Eis alguns pontos-chave sobre a intensidade da pressão de seleção:

1. **Definição**:

A pressão de seleção é a força ambiental que afecta o sucesso reprodutivo (aptidão) de indivíduos com diferentes caraterísticas ou genótipos.

A intensidade da pressão de seleção refere-se ao grau em que estas forças selectivas influenciam a frequência das caraterísticas de uma população ao longo do tempo.

2. **Factores que influenciam a intensidade**:

Magnitude das diferenças de aptidão: Quanto maior for a diferença de aptidão entre indivíduos com caraterísticas diferentes, mais forte é a pressão de seleção.

Estabilidade ambiental: Os ambientes estáveis podem exercer pressões de seleção consistentes ao longo do tempo, enquanto os ambientes flutuantes podem resultar em pressões de seleção variáveis.

Tamanho da população: Em populações mais pequenas, a deriva genética pode enfraquecer a pressão de seleção em comparação com populações maiores, onde a seleção pode atuar mais eficazmente.

Fluxo genético: Um elevado fluxo genético entre populações pode reduzir as pressões de seleção local através da introdução de variação genética de outras populações.

3. **Medição**:

A intensidade da seleção é frequentemente quantificada através de coeficientes de seleção (s), que medem a redução proporcional da aptidão dos indivíduos com um determinado genótipo em comparação com o genótipo mais apto.

As paisagens de aptidão e os modelos de seleção (por exemplo, desvios do equilíbrio de Hardy-Weinberg, modelos de genética quantitativa) ajudam a visualizar e a prever a intensidade da pressão de seleção em diferentes caraterísticas ou populações.

4. **Tipos de pressão de seleção**:

Seleção direcional: Altera as frequências dos alelos numa direção devido a alterações ambientais consistentes ou a novas condições.

Seleção estabilizadora: Mantém os fenótipos intermédios, reduzindo a variação genética num ambiente estável.

Seleção disruptiva: Favorece os fenótipos extremos em detrimento dos intermédios, conduzindo a distribuições bimodais e contribuindo potencialmente para a especiação.

5. **Consequências evolutivas**:

Uma forte pressão de seleção pode levar a uma rápida adaptação das populações aos seus ambientes, resultando na evolução de caraterísticas específicas que aumentam a sobrevivência e a reprodução.

Por outro lado, uma pressão de seleção fraca ou flutuante pode permitir a persistência da variação genética nas populações ao longo do tempo.

Compreender a intensidade da pressão de seleção é crucial para a biologia evolutiva, uma vez que ajuda a explicar a diversidade da vida e os mecanismos que conduzem a mudanças adaptativas nas populações ao longo das gerações. Também fornece informações sobre a forma como as populações respondem às alterações e desafios ambientais.

5.15. Seleção Artificial

A seleção artificial, também conhecida como reprodução selectiva, é um processo em que os seres humanos selecionam e reproduzem intencionalmente indivíduos com caraterísticas desejadas para perpetuar essas caraterísticas nas gerações futuras. Esta prática tem sido fundamental para moldar a diversidade de plantas e animais domesticados para vários fins, desde a agricultura à companhia. Eis os principais aspectos da seleção artificial:

1. **Finalidade e objectivos**:

Reprodução selectiva: Os seres humanos escolhem indivíduos específicos com caraterísticas desejáveis (por exemplo, tamanho, cor, rendimento, comportamento) e permitem-lhes reproduzir-se, aumentando assim a frequência dessas caraterísticas na população.

Objectivos: O principal objetivo da seleção artificial é melhorar as caraterísticas benéficas que são vantajosas para a utilização ou preferência humana, tais como o rendimento das culturas, a resistência às doenças ou as qualidades estéticas das plantas e animais ornamentais.

2. Mecanismos:

Critérios de seleção: Os criadores selecionam indivíduos com base em traços observáveis ou marcadores genéticos associados às caraterísticas desejadas.

Programas de reprodução: O acasalamento controlado, os testes genéticos e a análise do pedigree são utilizados para assegurar a transmissão das caraterísticas desejadas e a eliminação das indesejáveis.

3. Exemplos:

Agricultura: O melhoramento seletivo tem sido amplamente utilizado na agricultura para desenvolver variedades de culturas com melhor rendimento, conteúdo nutricional, resistência a pragas e doenças e adaptação a condições ambientais específicas.

Pecuária: Os programas de criação de gado têm como objetivo melhorar a qualidade da carne, a produção de leite, as taxas de crescimento e as caraterísticas que melhoram a saúde e o bem-estar dos animais.

Animais de estimação e plantas ornamentais: A reprodução selectiva é também comum na produção de caraterísticas desejáveis em animais de estimação (por exemplo, raças de cães com temperamentos específicos) e plantas ornamentais (por exemplo, cor e tamanho das flores).

4. **Consequências genéticas**:

Variação genética: A seleção artificial pode reduzir a diversidade genética nas populações ao favorecer alelos específicos associados a caraterísticas desejadas, aumentando potencialmente a suscetibilidade a novas doenças ou alterações ambientais.

Melhoramento genético: Ao longo das gerações, a seleção artificial pode levar à fixação de alelos vantajosos, resultando em populações altamente adaptadas às necessidades humanas, mas menos adaptáveis às pressões da seleção natural.

5. **Considerações éticas e práticas**:

Ética: As preocupações com o bem-estar dos animais e o potencial para consequências indesejadas nos ecossistemas ou na diversidade genética são considerações éticas importantes na seleção artificial.

Sustentabilidade: O equilíbrio entre o melhoramento genético e os objectivos de sustentabilidade, como a manutenção da biodiversidade e a resiliência dos ecossistemas, é crucial nas práticas modernas de melhoramento.

A seleção artificial exemplifica a capacidade do ser humano de influenciar os processos evolutivos para satisfazer necessidades e preferências específicas. Contrasta com a seleção natural, em que os factores ambientais determinam a sobrevivência e a reprodução dos indivíduos com base na sua aptidão para o ambiente.

6. Especiação

A especiação é o processo evolutivo pelo qual novas espécies surgem a partir de espécies existentes. Envolve a divergência de populações de um antepassado comum, levando ao isolamento reprodutivo e à formação de entidades biológicas distintas que não podem cruzar-se entre si em condições naturais. Eis os principais aspectos da especiação:

1. **Mecanismos de isolamento**:

Isolamento reprodutivo: A especiação ocorre quando as populações se tornam reprodutivamente isoladas umas das outras, o que significa que já não podem trocar genes através do cruzamento.

Isolamento pré-zigótico: Mecanismos que impedem o acasalamento ou a fertilização entre espécies, tais como diferenças nos comportamentos de acasalamento, no momento da reprodução ou nas preferências de habitat.

Isolamento pós-zigótico: Incompatibilidades que ocorrem após o acasalamento e a fertilização, levando à redução da aptidão ou à esterilidade da descendência híbrida.

2. **Modos de especiação**:

Especiação alopátrica: Ocorre quando as populações ficam geograficamente isoladas, muitas vezes por barreiras físicas como montanhas, rios ou oceanos. A divergência genética acumula-se ao longo do tempo devido a pressões evolutivas independentes, levando ao isolamento reprodutivo.

Especiação simpátrica: Envolve a especiação numa única área geográfica sem isolamento físico. Pode ocorrer através de mecanismos como a seleção disruptiva, a poliploidia (duplicação do genoma) ou a diferenciação de habitats.

3. **Base genética**:

Divergência genética: A especiação envolve a acumulação de diferenças genéticas entre populações, impulsionada por mutações, seleção natural, deriva genética e fluxo genético (ou falta dele).

Radiação adaptativa: Diversificação rápida de espécies a partir de um antepassado comum para uma variedade de nichos ecológicos, frequentemente observada em ambientes isolados ou após extinções em massa.

4. **Exemplos de especiação**:

Os tentilhões de Darwin: Os tentilhões das Ilhas Galápagos ilustram a radiação adaptativa, onde diferentes formas de bico evoluíram em resposta a fontes alimentares variadas em diferentes ilhas.

Ciclídeos do Lago Vitória: Centenas de espécies de ciclídeos do Lago Vitória sofreram especiação simpátrica devido à diferenciação ecológica e à seleção sexual.

5. **Implicações e padrões**:

Biodiversidade: A especiação contribui para a riqueza da diversidade biológica ao gerar novas espécies com caraterísticas e adaptações únicas.

Árvore evolutiva: Os eventos de especiação são representados em árvores filogenéticas, mostrando as relações entre as espécies e a sua divergência em relação aos antepassados comuns ao longo do tempo.

6. **Impacto humano e conservação**:

Espécies ameaçadas de extinção: A compreensão da especiação ajuda a conservar as espécies ameaçadas de extinção, reconhecendo linhagens evolutivas distintas e os seus papéis ecológicos.

Espécies invasoras: As actividades humanas podem perturbar os processos naturais de especiação, levando à hibridação e introgressão entre espécies nativas e invasoras.

A especiação é um processo fundamental na biologia evolutiva, que molda a diversidade da vida na Terra através da criação e manutenção de entidades biológicas distintas adaptadas a diferentes nichos ecológicos e ambientes.

6.1. Conceito de espécie

O conceito de espécie é fundamental em biologia, mas a definição do que constitui uma espécie pode variar consoante a perspetiva e os critérios utilizados. Existem vários conceitos de espécie, sendo os dois principais o conceito de espécie morfológica (ou taxonómica) e o conceito de espécie biológica.

1. **Conceito morfológico (ou taxonómico) de espécie**:

Definição: Este conceito define uma espécie com base em semelhanças e diferenças morfológicas. As espécies são identificadas e classificadas com base em traços físicos observáveis, como o tamanho, a forma, a coloração e as caraterísticas anatómicas.

Utilidade: É particularmente útil em domínios como a paleontologia e a taxonomia, em que a observação direta dos organismos nem sempre é possível e a classificação se baseia em registos fósseis ou espécimes preservados.

Limitações: Pode não ter em conta as espécies crípticas (aquelas que parecem morfologicamente semelhantes mas são geneticamente distintas) ou os casos em que existe variação morfológica dentro de uma espécie devido a factores ambientais.

2. **Conceito de espécie biológica**:

Definição: Proposto por Ernst Mayr, este conceito define uma espécie como um grupo de populações naturais que se cruzam efectiva ou potencialmente e que estão reprodutivamente isoladas de outros grupos semelhantes.

- **Critérios**:

Isolamento reprodutivo: Membros da mesma espécie podem cruzar-se e produzir descendência viável e fértil.

Barreiras reprodutivas: Estas podem ser pré-zigóticas (antes da fertilização, tais como diferenças nos comportamentos de acasalamento ou preferências ecológicas) ou pós-zigóticas (após a fertilização, tais como inviabilidade do híbrido ou infertilidade).

Utilidade: Destaca o significado evolutivo do isolamento reprodutivo na manutenção da integridade das espécies e na compreensão dos processos de especiação.

Limitações: Pode ser difícil de aplicar a organismos que se reproduzem assexuadamente, onde a hibridação ocorre mas não conduz ao isolamento reprodutivo, ou em casos de hibridação entre espécies estreitamente relacionadas.

3. **Conceitos de outras espécies**:

Conceito de espécie evolutiva: Define as espécies com base na história evolutiva e nas relações filogenéticas, dando ênfase à ancestralidade partilhada e à trajetória evolutiva.

Conceito de espécie ecológica: Define as espécies com base no nicho ecológico e no papel no ambiente, centrando-se nas caraterísticas adaptativas e nas interações nos ecossistemas.

Conceito de espécie genética: Define espécies com base na divergência genética e em marcadores moleculares, enfatizando a singularidade genética e a diferenciação.

Cada conceito de espécie oferece uma perspetiva de diferentes aspectos da identidade e evolução das espécies, e a sua aplicação depende frequentemente dos objectivos específicos da investigação, conservação ou gestão prática da diversidade biológica. A integração de múltiplos conceitos pode proporcionar uma compreensão mais abrangente dos limites das espécies e das relações evolutivas no mundo natural.

6.2. Modos de especiação (alopatria, simpatria, parapatria, etc.)

A especiação refere-se ao processo evolutivo através do qual surgem novas espécies biológicas. Existem vários modos de especiação, cada um caracterizado por diferentes factores geográficos e reprodutivos. Eis alguns dos principais modos de especiação:

1. **Especiação alopátrica**:

Definição: A especiação alopátrica ocorre quando as populações da mesma espécie ficam geograficamente isoladas umas das outras, muitas vezes por uma barreira física, como uma cadeia de montanhas, um rio ou outras formas de isolamento geográfico.

Processo: O isolamento impede o fluxo de genes entre as populações separadas. Ao longo do tempo, as diferenças genéticas acumulam-se através de mutação, deriva genética e seleção natural, levando ao isolamento reprodutivo e à formação de novas espécies.

Exemplo: A formação dos tentilhões de GalaDpagos, em que diferentes populações insulares divergiram de um antepassado comum devido ao isolamento geográfico.

2. **Especiação simpátrica**:

Definição: A especiação simpátrica ocorre quando novas espécies evoluem a partir de uma única espécie ancestral na mesma região geográfica, sem qualquer separação física.

Processo: A especiação pode ocorrer através de mecanismos como a seleção disruptiva (em que diferentes nichos ecológicos favorecem caraterísticas diferentes), a poliploidia (alterações no número de cromossomas numa única geração) ou o acasalamento assortativo (preferência pelo acasalamento com indivíduos que partilham determinadas caraterísticas).

Exemplo: A mosca da maçã (Rhagoletis pomonella), que divergiu em diferentes raças específicas de hospedeiros que se alimentam de diferentes frutos na mesma região.

3. **Especiação Parapátrica**:

Definição: A especiação parapátrica ocorre quando as populações de uma espécie são adjacentes umas às outras e partilham uma fronteira comum, mas têm um certo grau de isolamento reprodutivo devido a um fluxo genético limitado.

Processo: A especiação pode ocorrer quando as populações habitam nichos ecológicos diferentes ao longo do gradiente de um fator ambiental (por exemplo, temperatura, humidade) ou quando existem fortes pressões de adaptação local.

Exemplo: As salamandras Ensatina na Califórnia, onde se observam diferentes morfos de cor e adaptações ecológicas ao longo de um gradiente ambiental acentuado.

4. **Especiação peripátrica**:

Definição: A especiação peripátrica ocorre quando um pequeno grupo de indivíduos fica isolado na periferia da área de distribuição ancestral, muitas vezes devido a um efeito fundador ou à deriva genética.

Processo: Em populações isoladas, a deriva genética e a seleção natural podem atuar mais fortemente, conduzindo a uma rápida divergência em relação à população principal e, potencialmente, à formação de uma nova espécie.

Exemplo: As plantas de espada-de-são-jorge do Havai (Argyroxiphium spp.), que se diversificaram em várias espécies nas diferentes ilhas havaianas devido ao isolamento e à adaptação às condições ambientais locais.

Estes modos de especiação ilustram a diversidade de mecanismos através dos quais novas espécies podem evoluir. Destacam a importância do isolamento geográfico, da adaptação ecológica, das barreiras reprodutivas e da divergência genética na condução do processo evolutivo da especiação em diferentes contextos e ambientes.

6.3. Taxa de especiação

No estudo da especiação, dois modelos contrastantes descrevem a taxa a que surgem novas espécies: o gradualismo e o equilíbrio pontuado. Eis um resumo de cada um deles:

Gradualismo

- **Definição**: O gradualismo propõe que as espécies divergem gradualmente ao longo do tempo através de pequenas e contínuas mudanças nos traços evolutivos.
- **Taxa de mudança**: De acordo com este modelo, a especiação ocorre a um ritmo relativamente constante e lento, com as populações a acumularem diferenças genéticas e fenotípicas durante longos períodos.
- **Mecanismos**: A seleção natural, a deriva genética e a mutação são os principais mecanismos que conduzem à

mudança gradual nas populações.

- **Evidências**: Os registos fósseis mostram frequentemente um padrão de mudança morfológica gradual dentro das linhagens ao longo de milhões de anos.

Equilíbrio Pontuado

- **Definição**: O equilíbrio pontuado sugere que a especiação ocorre em explosões relativamente rápidas de mudança, seguidas por longos períodos de estabilidade evolutiva ou estase.
- **Taxa de Mudança**: Neste modelo, as espécies permanecem estáveis (ou apresentam poucas mudanças) durante longos períodos ("equilíbrio"), pontuados por breves períodos de rápidas mudanças evolutivas durante os eventos de especiação.
- **Mecanismos**: As alterações ambientais, como as mudanças no clima ou no habitat, e a rápida acumulação de alterações genéticas em populações pequenas e isoladas podem desencadear estas explosões de especiação.
- **Evidências**: Alguns registos fósseis apoiam o equilíbrio pontuado, mostrando casos em que as espécies aparecem subitamente no registo fóssil sem formas intermédias, seguidas de períodos de estabilidade morfológica.

Comparação

- **Escala temporal**: O gradualismo opera em escalas de

tempo mais longas, com as mudanças a acumularem-se gradualmente ao longo de milhões de anos. O equilíbrio pontuado enfatiza escalas temporais mais curtas, com eventos rápidos de especiação ocorrendo dentro de dezenas de milhares a centenas de milhares de anos.

- **Padrão no registo fóssil**: O gradualismo prevê uma transição suave nos registos fósseis entre espécies ancestrais e descendentes. O equilíbrio pontuado prevê o aparecimento relativamente abrupto de novas espécies no registo fóssil, muitas vezes com poucas alterações ao longo do tempo, uma vez estabelecidas.

- **Foco mecanicista**: O gradualismo enfatiza as pressões ambientais contínuas e as mudanças genéticas constantes. O equilíbrio pontuado realça o papel das mudanças ambientais rápidas e do isolamento genético na condução dos fenómenos de especiação.

Reconciliação

A biologia evolutiva moderna tende a considerar a especiação como ocorrendo num espetro entre estes dois modelos e não como mutuamente exclusiva. Espécies diferentes podem evoluir a ritmos diferentes, com algumas a mostrarem mudanças graduais e outras a sofrerem eventos de especiação mais rápidos. Factores como a dimensão da população, a dinâmica ecológica e a variabilidade genética podem influenciar o ritmo e o padrão de especiação observados na natureza.

A compreensão destes modelos ajuda os cientistas a interpretar os padrões no registo fóssil, a divergência genética entre populações e a dinâmica da formação de espécies em escalas de tempo geológicas.

6.4. Desenvolvimento de mecanismos de isolamento reprodutivo

Os mecanismos de isolamento reprodutivo (MIR) são fundamentais no processo de especiação, uma vez que impedem o fluxo de genes entre populações e, em última análise, conduzem à formação de espécies distintas. Estes mecanismos podem ser classificados em barreiras pré-zigóticas e pós-zigóticas, que contribuem coletivamente para o isolamento reprodutivo. Aqui está uma visão geral de cada um deles:

Mecanismos de isolamento pré-zigótico

Os mecanismos pré-zigóticos impedem a formação de híbridos viáveis antes de ocorrer a fertilização. Eles actuam para garantir que os gâmetas de espécies diferentes não se encontrem ou não se fundam com sucesso. Os exemplos incluem:

1. **Isolamento temporal**: As espécies reproduzem-se em alturas diferentes (estação, hora do dia ou ano).
2. **Isolamento ecológico (do habitat)**: As espécies ocupam diferentes habitats dentro da mesma área e raramente se encontram.
3. **Isolamento comportamental**: Os rituais de cortejo, os

chamamentos de acasalamento ou outros comportamentos específicos de uma espécie impedem o acasalamento entre espécies diferentes.

4. **Isolamento mecânico**: As diferenças estruturais impedem o sucesso do acasalamento entre espécies (por exemplo, diferenças nos órgãos genitais).
5. **Isolamento gamético**: Os espermatozóides de uma espécie podem ser incapazes de fertilizar óvulos de outra espécie devido a barreiras bioquímicas.

Mecanismos de isolamento pós-zigótico

Os mecanismos pós-zigóticos ocorrem após a fertilização e impedem a produção de descendentes viáveis e férteis. Mesmo que sejam produzidos descendentes híbridos, estes mecanismos reduzem a sua aptidão ou sucesso reprodutivo. Os exemplos incluem:

1. **Inviabilidade híbrida**: Os embriões híbridos não se desenvolvem corretamente e morrem antes de atingirem a maturidade.
2. **Esterilidade híbrida**: Os híbridos podem desenvolver-se mas são estéreis e não podem produzir gâmetas viáveis.
3. **Desintegração de híbridos**: Os híbridos de primeira geração são viáveis e férteis, mas as gerações subsequentes têm viabilidade ou fertilidade reduzidas.

Desenvolvimento do isolamento reprodutivo

- **Isolamento geográfico**: A separação física das

populações (especiação alopátrica) impede inicialmente o cruzamento, permitindo a ocorrência de divergência genética ao longo do tempo.

- **Divergência ecológica**: As populações adaptam-se a diferentes nichos ecológicos ou habitats, levando à evolução de caraterísticas que reduzem a probabilidade de acasalamento entre populações.
- **Divergência genética**: A acumulação de diferenças genéticas ao longo do tempo devido a mutações, seleção natural e deriva genética reforça ainda mais o isolamento reprodutivo.
- **Reforço**: A seleção natural pode favorecer os indivíduos que evitam acasalar com outras espécies quando os híbridos têm uma aptidão reduzida (reforço das barreiras pré-zigóticas).

Importância na especiação

Os mecanismos de isolamento reprodutivo são cruciais para manter as fronteiras das espécies e promover a biodiversidade. Evitam a homogeneização genética entre populações e permitem a evolução independente de caraterísticas em diferentes linhagens. A compreensão destes mecanismos ajuda os biólogos a interpretar os padrões de distribuição das espécies, a diversidade genética e as relações evolutivas na natureza.

7. Evolução humana

A evolução humana é um campo de estudo fascinante que traça a história evolutiva da nossa espécie, o Homo sapiens, e dos seus antepassados. Aqui está uma visão geral dos principais aspectos da evolução humana:

1. **Linha do tempo evolutiva**
    - **Linhagem Hominina**: A linhagem evolutiva que inclui os humanos e os seus antepassados divergiu de outros primatas há cerca de 6-7 milhões de anos.
    - **Principais etapas**: A evolução humana é marcada por várias etapas fundamentais, incluindo o desenvolvimento do bipedalismo, a utilização de ferramentas, o aumento do tamanho do cérebro e a complexidade cultural.
2. **Bipedalismo**
    - Uma das primeiras caraterísticas distintivas dos hominídeos é a locomoção bípede, que provavelmente evoluiu há cerca de 4-5 milhões de anos.
    - **Vantagens**: Mãos livres para a utilização de ferramentas, maior eficiência na locomoção em longas distâncias.
3. **Utilização de ferramentas e cultura**
    - **Ferramentas antigas**: Os utensílios de pedra, como os atribuídos à espécie Australopithecus, datam de há cerca de 2,6 milhões de anos.
    - **Evolução cultural**: A par da evolução biológica, a evolução cultural tornou-se cada vez mais significativa na

modelação do comportamento e da adaptação humana.

4. **Evolução do cérebro**
   - **Encefalização**: Ao longo da evolução humana, houve um aumento significativo no tamanho do cérebro, particularmente no córtex cerebral associado a funções cognitivas superiores.
   - **Contribuições culturais**: A utilização da linguagem, as estruturas sociais complexas e os avanços tecnológicos moldaram ainda mais a evolução do cérebro.
5. **Diversidade de espécies**
   - **Australopitecíneos**: Os primeiros hominídeos, como o Australopithecus afarensis (~3-4 milhões de anos atrás), são conhecidos a partir de fósseis na África Oriental, exibindo uma mistura de traços semelhantes aos do macaco e do homem.
   - **Género Homo**: As espécies do género Homo, incluindo o Homo habilis, o Homo erectus e, eventualmente, o Homo sapiens, mostram uma complexidade crescente na utilização de ferramentas, no comportamento social e no desenvolvimento do cérebro.
6. **Humanos modernos (Homo sapiens)**
   - **Origens**: O Homo sapiens surgiu em África há cerca de 200.000 anos, caracterizado por um crânio globular, testa alta e adaptações culturais complexas.
   - **Migração**: O Homo sapiens migrou de África há cerca de

60.000-70.000 anos, espalhando-se pela Eurásia e eventualmente pelas Américas e Oceânia.

7. **Evidências genéticas e fósseis**

   - **Registo Fóssil**: As descobertas paleontológicas fornecem informações sobre as mudanças morfológicas e a distribuição geográfica das espécies de hominídeos.
   - **Estudos genéticos**: Os avanços na genética, em particular a análise do ADN antigo, permitiram clarificar as relações entre as diferentes espécies de hominídeos e as suas contribuições genéticas para as populações humanas modernas.

8. **Evolução cultural**

   - **Arte e Simbolismo**: As evidências de comportamento simbólico, arte e rituais remontam a dezenas de milhares de anos, reflectindo capacidades cognitivas e práticas culturais complexas.
   - **Adaptação e inovação**: A evolução humana tem-se caracterizado por respostas adaptativas a desafios ambientais, inovações tecnológicas e desenvolvimentos sociais.

9. **Implicações e direcções futuras**

   - A investigação em curso continua a aperfeiçoar a nossa compreensão da evolução humana, integrando provas fósseis, dados genéticos e conhecimentos de anatomia e comportamento comparados.

- O estudo da evolução humana informa os debates sobre as origens humanas, a adaptação, a diversidade e a história evolutiva partilhada com outros organismos.

A compreensão da evolução humana fornece informações valiosas sobre o que nos torna exclusivamente humanos, a forma como nos adaptámos a diversos ambientes e os processos contínuos de mudança biológica e cultural que continuam a moldar a nossa espécie.

7.1. A posição taxonómica dos seres humanos no reino animal

Os seres humanos, cientificamente conhecidos como Homo sapiens, pertencem ao reino animal, especificamente ao filo Chordata e à classe Mammalia. Aqui está uma descrição da nossa posição taxonómica:

Reino: Animália

Caraterísticas: Organismos multicelulares, eucariotas, heterotróficos (obtêm alimento através do consumo de outros organismos).

Filo: Chordata

Caraterísticas: Possuem uma notocorda (uma estrutura flexível semelhante a uma haste), um cordão nervoso oco dorsal, fendas faríngeas e uma cauda pós-anal em algum momento do seu desenvolvimento.

Subfilo: Vertebrata

Caraterísticas: Possuem uma coluna vertebral (espinha dorsal) que substitui a notocorda durante o desenvolvimento.

Classe: Mamíferos

Caraterísticas: Animais que normalmente têm glândulas mamárias para lactação, pelo ou pele e três ossos do ouvido médio (ossículos).

Ordem: Primatas

Caraterísticas: Incluem lémures, macacos, símios e seres humanos. Os primatas têm normalmente mãos e pés que agarram, olhos virados para a frente e cérebros relativamente grandes.

Família: Hominidae

Caraterísticas: Vulgarmente conhecidos como grandes símios, esta família inclui orangotangos, gorilas, chimpanzés, bonobos e humanos.

Género: Homo

Caraterísticas: O género Homo inclui espécies extintas como o Homo habilis, o Homo erectus e o Homo neanderthalensis, bem como a espécie moderna Homo sapiens (humanos).

Espécie: Homo sapiens

Caraterísticas: Os humanos modernos caracterizam-se pelo bipedalismo, por cérebros grandes capazes de pensamento abstrato e linguagem, e por estruturas sociais complexas.

Em resumo, os seres humanos (Homo sapiens) são classificados taxonomicamente da seguinte forma:

- Reino: Animália

- Filo: Chordata
- Subfilo: Vertebrata
- Classe: Mamíferos
- Ordem: Primatas
- Família: Hominidae
- Género: Homo
- Espécie: Homo sapiens

Esta classificação taxonómica coloca os seres humanos no contexto mais vasto do reino animal, realçando a nossa herança evolutiva partilhada com outros mamíferos e primatas.

7.2. Hominídeos extintos e existentes

Os hominídeos extintos e existentes, ou seja, os membros da família Hominidae, incluem uma variedade de espécies que abrangem milhões de anos de evolução. Eis um resumo:

Hominídeos extintos:

1. **Australopithecus afarensis**:

Viveu: Aproximadamente 3,9 a 2,9 milhões de anos atrás.

Caraterísticas: Bípede com uma mistura de caraterísticas semelhantes às do macaco e às do homem. O espécime mais famoso é "Lucy".

2. **Australopithecus africanus**:

Viveu: Há cerca de 3 a 2 milhões de anos.

Caraterísticas: Semelhante ao A. afarensis mas com algumas diferenças na morfologia dentária e craniana.

3. **Paranthropus robustus e Paranthropus boisei**:

Viveu: Entre 2,7 e 1,2 milhões de anos atrás.

Caraterísticas: Robusto, adaptado para mastigar vegetação dura.
Conhecidos pelos seus grandes molares e mandíbulas poderosas.

4. **Homo habilis**:

Viveu: Há cerca de 2,4 a 1,4 milhões de anos.

Caraterísticas: Considerado um dos primeiros membros do género Homo. Usou ferramentas de pedra (ferramentas Oldowan).

5. **Homo erectus**:

Viveu: Aproximadamente 1,9 milhões de anos atrás a possivelmente tão recentemente quanto 110.000 anos atrás.

Caraterísticas: Primeiro hominídeo a migrar para fora de África; utilizava ferramentas acheulenses mais avançadas. Partilhava caraterísticas com os humanos modernos, incluindo cérebros maiores e comportamentos sociais mais avançados.

6. **Homo neanderthalensis** (Neandertais):

Viveu: Cerca de 400.000 a 40.000 anos atrás.

Caraterísticas: Adaptados a climas frios, de constituição robusta, usavam ferramentas mousterianas e tinham uma cultura sofisticada com evidências de comportamento simbólico.

7. **Homo floresiensis** (Homem das Flores ou "Hobbit"):

Viveu: Aproximadamente 100.000 a 60.000 anos atrás.

Caraterísticas: Encontrado na ilha das Flores, Indonésia. De pequena estatura, com um cérebro de tamanho semelhante ao dos australopitecíneos, mas com um uso avançado de ferramentas.

Hominídeos existentes (espécies vivas):

1. **Homo sapiens** (Humanos Modernos):

Caraterísticas: Bípedes, com cérebro grande, capazes de pensamento abstrato, linguagem e estruturas sociais complexas.

2. **Pan troglodytes** (chimpanzés):

Caraterísticas: Parentes vivos mais próximos dos humanos, partilhando cerca de 98% do nosso ADN. Arbóreos e principalmente herbívoros.

3. **Gorila gorila** (Gorilas):

Caraterísticas: Os maiores primatas vivos. Herbívoros e essencialmente terrestres, encontram-se na África Central.

4. **Pongo pygmaeus** (Orangotangos):

Caraterísticas: Grandes símios arborícolas encontrados no Sudeste Asiático. Conhecidos pelo seu estilo de vida solitário e locomoção arbórea altamente especializada.

5. **Pan paniscus** (Bonobos):

Caraterísticas: Também conhecidos como chimpanzés pigmeus. São arborícolas e encontram-se apenas na República Democrática do Congo. Conhecidos pela sua estrutura social pacífica e matriarcal.

Estes hominídeos representam uma gama diversificada de adaptações e trajectórias evolutivas no seio da família Hominidae, evidenciando a complexa história da nossa linhagem como seres humanos (Homo sapiens).

7.3. Caraterísticas importantes dos hominídeos

As caraterísticas importantes que definem os hominídeos, incluindo as espécies extintas e as existentes, abrangem uma variedade de caraterísticas anatómicas, comportamentais e evolutivas:

1. **Bipedalismo**: Andar sobre duas pernas é uma caraterística que define os hominídeos, começando com os australopitecíneos e desenvolvendo-se em espécies como o Homo erectus e os humanos modernos (Homo sapiens).
2. **Grande tamanho do cérebro**: Em comparação com outros primatas, os hominídeos têm geralmente cérebros maiores em relação ao tamanho do corpo. Esta tendência culminou nos humanos modernos, que têm os maiores cérebros entre os primatas.
3. **Uso de ferramentas e cultura**: Os hominídeos, especialmente os do género Homo, são conhecidos pela

sua capacidade de fabricar e utilizar ferramentas. Esta capacidade cognitiva, juntamente com as práticas culturais, tem sido crucial na evolução humana.

4. **Adaptações alimentares**: Os hominídeos mostraram adaptações a uma vasta gama de dietas, desde os primeiros australopitecíneos com dietas mistas a dietas especializadas em espécies posteriores como o Homo erectus e os neandertais.
5. **Estruturas sociais complexas**: Os humanos modernos exibem comportamentos sociais complexos, incluindo cooperação, comunicação através da linguagem e práticas culturais que envolvem arte, ritual e expressão simbólica.
6. **Morfologia dentária**: As alterações no tamanho, forma e padrões de desgaste dos dentes reflectem adaptações a diferentes dietas e métodos de processamento de alimentos nas espécies de hominídeos.
7. **Fabrico e utilização de** ferramentas: A capacidade de criar e utilizar ferramentas, começando com ferramentas de pedra simples (indústrias Oldowan e Acheulean) e progredindo para tecnologias mais complexas, é um marco da evolução dos hominídeos.
8. **Capacidade craniana**: Os hominídeos, particularmente dentro do género Homo, mostram um aumento do tamanho do cérebro ao longo do tempo, reflectindo um aumento das capacidades cognitivas e da flexibilidade

adaptativa.

9. **Esqueleto pós-craniano**: As alterações na estrutura da coluna vertebral, da pélvis e dos membros inferiores dos hominídeos são adaptações à locomoção bípede, aumentando a eficiência e a resistência ao andar e ao correr.

10. **Evolução cultural**: Os hominídeos apresentam uma transmissão cultural de conhecimentos e competências, permitindo a acumulação de comportamentos adaptativos ao longo de gerações, influenciando a sobrevivência e o sucesso em diversos ambientes.

Estas caraterísticas realçam coletivamente a trajetória evolutiva dos hominídeos e sublinham as adaptações únicas que levaram ao aparecimento e ao domínio dos humanos modernos (Homo sapiens) no reino animal.

7.4. As relações evolutivas entre os hominídeos

Compreender as relações evolutivas entre os hominídeos implica traçar a árvore filogenética que inclui espécies extintas e existentes. Eis alguns pontos-chave:

1. **Australopitecíneos**: Estes primeiros hominídeos, tais como

Australopithecus afarensis ("Lucy"), viveu há cerca de 4 a 2 milhões de anos (Ma). Eram bípedes, mas tinham crânios semelhantes aos dos macacos e cérebros pequenos. São considerados antepassados dos hominídeos posteriores.

2. **Paranthropus**: Estes hominídeos robustos, como o Paranthropus boisei e o Paranthropus robustus, viveram ao lado das primeiras espécies de Homo e dos Australopitecíneos. Tinham dietas especializadas e caraterísticas cranianas distintas.
3. **Homo primitivo**: Espécies como o Homo habilis e o Homo rudolfensis apareceram por volta de 2,5 a 1,5 Ma. Tinham cérebros maiores do que os australopitecíneos e usavam ferramentas mais complexas.
4. **Homo erectus**: Evoluindo por volta de 1,9 Ma, o Homo erectus foi o primeiro hominídeo a sair de África e a espalhar-se pela Ásia e Europa. Tinham cérebros maiores, ferramentas mais avançadas e provas de utilização controlada do fogo.
5. **Neandertais (Homo neanderthalensis)**: Estes hominídeos viveram na Europa e na Ásia Ocidental entre cerca de 400.000 e 40.000 anos atrás. Tinham cérebros grandes, corpos robustos adaptados a climas frios e evidências de comportamento simbólico.
6. **Denisovanos**: Conhecidos por provas genéticas e fósseis encontrados na Sibéria, os denisovanos cruzaram-se com os neandertais e os humanos modernos. Foram contemporâneos dos Neandertais.
7. **Humanos modernos (Homo sapiens)**: Originários de

África há cerca de 300.000 a 200.000 anos, os humanos modernos espalharam-se por todo o mundo, substituindo outras espécies de hominídeos. Têm cérebros maiores, cultura complexa, linguagem e comportamento simbólico.

8. **Relações evolutivas**: Estudos filogenéticos baseados em genética, morfologia e provas fósseis sugerem que o Homo sapiens partilha um antepassado comum com os Neandertais e os Denisovanos. Os humanos modernos divergiram de outros hominídeos em África e mais tarde migraram para todo o mundo.

Estas relações são continuamente aperfeiçoadas à medida que novas descobertas de fósseis e estudos genéticos fornecem mais informações sobre a história evolutiva dos hominídeos.

7.5 Migração dos hominídeos para fora de África

A migração dos hominídeos para fora de África é um aspeto fulcral da história evolutiva da humanidade, marcado por várias fases e acontecimentos fundamentais:

1. **Dispersão inicial**: Os primeiros hominídeos, como os australopitecíneos, estavam principalmente confinados a África. No entanto, a sua locomoção bípede preparou o terreno para potenciais migrações.

2. **Homo erectus**: Há cerca de 1,9 milhões de anos, o Homo erectus foi a primeira espécie de hominídeo a migrar para fora de África. Dispersou-se pela Ásia e, mais tarde, pela Europa, como comprovam os fósseis encontrados em

Java (Indonésia) e na Geórgia (Europa).

3. **Expansão e adaptação**: A capacidade do Homo erectus de se adaptar a diversos ambientes facilitou a sua expansão pela Ásia, da Indonésia à China e mais além. Esta expansão ocorreu provavelmente em várias vagas ao longo de centenas de milhares de anos.
4. **Neandertais e Denisovanos**: Os neandertais e os denisovanos, parentes próximos dos humanos modernos, desenvolveram-se na Europa e na Ásia, respetivamente, há cerca de 400.000 anos. Adaptaram-se a climas frios e sobreviveram durante milénios antes de encontrarem os humanos modernos.
5. **Humanos modernos (Homo sapiens)**: A migração dos humanos anatomicamente modernos para fora de África começou há cerca de 60.000 a 70.000 anos. Este evento de dispersão foi provavelmente motivado por mudanças no clima, pressões populacionais e avanços tecnológicos.
6. **Rotas de migração**: Os humanos modernos seguiram várias rotas de migração para fora de África, incluindo através do Médio Oriente para a Ásia (o corredor do Levante), através da Península Arábica, ao longo da costa sul da Ásia (Rota do Sul) e possivelmente através do Corno de África para a Ásia (Rota do Norte).
7. **Colonização da Eurásia e da Oceânia**: Os seres humanos modernos colonizaram gradualmente a Eurásia, chegando à Europa há cerca de 45.000 anos e

espalhando-se pela Sibéria e mais além. Também atravessaram a Oceânia, chegando à Austrália e às ilhas do Pacífico há cerca de 50.000 anos.

8. **Américas**: O povoamento das Américas ocorreu mais tarde, cerca de 15.000 a 20.000 anos atrás, através da Ponte Terrestre de Bering (Beringia) da Sibéria para a América do Norte. Essa migração deu origem às diversas populações indígenas das Américas.

A migração dos hominídeos para fora de África reflecte as capacidades de adaptação das primeiras espécies humanas e a sua capacidade de se espalharem por diversos ambientes ao longo de milhões de anos, conduzindo, em última análise, à distribuição global do Homo sapiens.

7.6. A origem do Homo sapience

A origem do Homo sapiens, a nossa espécie, tem sido objeto de intenso debate e investigação entre antropólogos e geneticistas. Existem duas teorias principais sobre a origem do Homo sapiens:

1. **Fora de África (modelo de origem única)**:

Teoria: Este modelo propõe que os humanos modernos evoluíram há relativamente pouco tempo (cerca de 200.000 anos atrás) em África a partir de uma única população ancestral de hominídeos anteriores, como o Homo erectus ou uma espécie estreitamente relacionada.

- **Pontos-chave**:

Os humanos modernos tiveram origem em África e depois espalharam-se, substituindo as espécies hominídeas anteriores noutras regiões.

As provas genéticas, como os estudos do ADN mitocondrial, apoiam a existência de um antepassado comum relativamente recente para todos os humanos modernos, originário de África.

Provas fósseis, incluindo descobertas de restos mortais dos primeiros Homo sapiens em África (por exemplo, Omo Kibish na Etiópia, Jebel Irhoud em Marrocos), também apoiam esta teoria.

2. **Modelo de evolução multi-regional**:

Teoria: Este modelo sugere que os seres humanos modernos evoluíram a partir de hominídeos anteriores, como o Homo erectus, em várias regiões do mundo (África, Ásia, Europa) durante um período mais longo (com início há mais de 2 milhões de anos).

- **Pontos-chave**:

Propõe que o fluxo genético e o cruzamento entre diferentes populações regionais de hominídeos, como o Homo erectus, permitiram a evolução gradual dos traços humanos modernos em várias regiões.

Os defensores deste modelo argumentam que a continuidade regional nos registos fósseis (por exemplo, na Europa e na Ásia) e a partilha de caraterísticas arcaicas sugerem um intercâmbio genético e uma evolução contínuos entre populações geograficamente separadas.

Consenso atual:

A esmagadora maioria das provas genéticas e fósseis apoia o modelo Out of Africa, indicando que os humanos modernos tiveram origem em África e depois dispersaram-se pelo globo, substituindo as populações hominídeas anteriores. Estudos genéticos do ADN mitocondrial (linhagens maternas) e do ADN do cromossoma Y (linhagens paternas) apontam consistentemente para um antepassado comum recente em África.

Embora tenha ocorrido alguma mistura arcaica com espécies hominídeas anteriores (por exemplo, Neandertais, Denisovanos) após a migração inicial para fora de África, estes eventos não apoiam uma origem multirregional para os humanos modernos, mas indicam antes o cruzamento com populações locais encontradas durante as migrações.

REFERÊNCIAS

1. Darwin, Charles. "On the Origin of Species by Means of Natural Selection". London: John Murray, 1859.
2. Watson, James D., e Francis H.C. Crick. "Estrutura molecular dos ácidos nucleicos: uma estrutura para o ácido nucleico da desoxirribose". Nature 171, no. 4356 (1953): 737-738.
3. Alberts, Bruce, et al. "Molecular Biology of the Cell". 6ª ed. Nova Iorque: Garland Science, 2014.
4. Sanger, Frederick, et al. "DNA Sequencing with ChainTerminating Inhibitors" [Sequenciação de ADN com inibidores de terminação de cadeias]. Proceedings of the National Academy of Sciences of the United States of America 74, no. 12 (1977): 5463-5467.
5. Berg, Jeremy M., John L. Tymoczko, e Lubert Stryer. "Bioquímica". 8ª ed. Nova Iorque: W.H. Freeman, 2015.
6. Lodish, Harvey, et al. "Molecular Cell Biology". 8th ed. Nova Iorque: W.H. Freeman, 2016.
7. Lehninger, Albert L., David L. Nelson e Michael M. Cox. "Princípios de Bioquímica de Lehninger". 7ª ed., Nova Iorque. Nova Iorque: W.H. Freeman, 2017.
8. Brown, Theodore, et al. "Brock Biology of Microorganisms". 15ª ed. Boston: Pearson, 2018.
9. Lewin, Benjamin. "Genes IX". 9ª ed., Sudbury, MA.

Sudbury, MA: Jones & Bartlett Learning, 2008.

10. Campbell, Neil A., et al. "Biology: Concepts & Connections". 9ª ed. Boston: Pearson, 2017.

11. Lodish, Harvey, et al. "Molecular Cell Biology". 5th ed. Nova Iorque: W.H. Freeman, 2003.

12. Purves, William K., et al. "Life: The Science of Biology". 10ª ed., Sunderland, MA. Sunderland, MA: Sinauer Associates, 2013.

13. Voet, Donald, Judith G. Voet e Charlotte W. Pratt. "Fundamentals of Biochemistry: A vida ao nível molecular". 5ª ed. Hoboken, NJ: Wiley, 2016.

14. Strachan, Tom, e Andrew P. Read. "Human Molecular Genetics". 4a ed. Nova Iorque: Garland Science, 2010.

15. Nelson, David L., e Michael M. Cox. "Princípios de Bioquímica de Lehninger". 8ª ed., Nova Iorque. Nova Iorque: W.H. Freeman, 2022.

16. Reece, Jane B., et al. "Campbell Biology". 12ª ed. Boston: Pearson, 2021.

17. Hartl, Daniel L., e Elizabeth W. Jones. "Genetics: Analysis of Genes and Genomes". 9ª ed. Burlington, MA: Jones & Bartlett Learning, 2022.

18. Pierce, Benjamin A. "Genetics: A Conceptual Approach". 7a ed. Nova Iorque: W.H. Freeman, 2020.

19. Karp, Gerald. "Biologia Celular e Molecular: Conceitos e Experimentos". 8ª ed. Hoboken, NJ: Wiley, 2016.

20. Alberts, Bruce, et al. "Essential Cell Biology". 5th ed. Nova Iorque: Garland Science, 2019.

21. Lodish, Harvey, et al. "Molecular Cell Biology". 9th ed. Nova Iorque: W.H. Freeman, 2021.

22. Cooper, Geoffrey M., et al. "The Cell: A Molecular Approach". 8ª ed., Sunderland, MA. Sunderland, MA: Sinauer Associates, 2019.

23. Nelson, David L., e Michael M. Cox. "Lehninger Principles of Biochemistry". 7ª ed., Nova Iorque. Nova Iorque: W.H. Freeman, 2017.

24. Campbell, Neil A., et al. "Biology: Concepts & Connections". 10ª ed. Boston: Pearson, 2022.

25. Lodish, Harvey, et al. "Molecular Cell Biology". 10th ed. Nova Iorque: W.H. Freeman, 2024.

26. Berg, Jeremy M., John L. Tymoczko, e Lubert Stryer. "Biochemistry". 9ª ed. Nova Iorque: W.H. Freeman, 2022.

27. Alberts, Bruce, et al. "Essential Cell Biology". 4a ed. Nova Iorque: Garland Science, 2021.

28. Strachan, Tom, e Andrew P. Read. "Human Molecular Genetics". 5a ed. Nova Iorque: Garland

Science, 2019.

29. Brown, Theodore, et al. "Brock Biology of Microorganisms". 16ª ed. Boston: Pearson, 2023.

30. Voet, Donald, Judith G. Voet e Charlotte W. Pratt. "Fundamentals of Biochemistry: Life at the Molecular Level". 6ª ed. Hoboken, NJ: Wiley, 2023.

Printed by Books on Demand GmbH, Norderstedt / Germany